아이는 엄마를 통해
꿈을 배운다

아이는 엄마를 통해 꿈을 배운다

초판 1쇄 2022년 09월 29일

지은이 김효정 | **펴낸이** 송영화 | **펴낸곳** 굿웰스북스 | **총괄** 임종익

등록 제 2020-000123호 | **주소** 서울시 마포구 양화로 133 서교타워 711호

전화 02) 322-7803 | **팩스** 02) 6007-1845 | **이메일** gwbooks@hanmail.net

© 김효정, 굿웰스북스 2022, *Printed in Korea.*

ISBN 979-11-92259-67-3 03590 | **값 15,000원**

잃어버린 자아를 찾아주는 엄마 행복 지침서

아이는 엄마를 통해
꿈을 배운다

김효정 지음

굿웰스북스

나는 결혼 25년 차 주부이자 ㈜알즈너 대구 그레이스점 대표로 그 전에는 아이를 키우고 살림만 한 엄마이다. 중년의 나이가 되어 사업을 시작하고 경제적, 정신적 독립을 통해 엄마의 자아를 찾아, 꿈을 찾는 여행을 하게 되었다.

엄마들은 육아라는 틀에 갇혀 독립적인 모습을 잃게 되고, 주체적인 정체성을 잃고 살아가게 된다. 엄마들의 인생과 시간도 아이들을 키우는 것 못지않게 소중하다. 육아에 파묻혀 엄마 자신의 모습을 놓치고 살지 않기를 바라는 마음에 글을 쓰게 되었다.

누구나 인생의 절반을 살게 되면 느끼는 삶의 외로움과 공허함을 만나게 된다. 후회를 남기지 않기 위한 노력이 특히 엄마들의 삶 속에 꼭 필요하다. 자신의 인생은 스스로가 책임을 지는 것이다. 육아가 더욱 행복해지려면 엄마의 꿈을 찾는 과정을 즐겨야 한다. 현명하고 지혜로운 엄마는 시간을 아끼고 선택함에 탁월함을 가져야 한다. 아이를 양육하는 힘든 일상 속에서도 자신을 잃지 않는 지혜로움이 필요한 것이다.

나는 내가 겪은 시행착오를 통해 타산지석의 교훈을 삼기를 바라는 마음으로 엄마들의 꿈 멘토가 되고 싶다는 소망을 가지게 되었다. 그래서 책을 쓰게 되었고, 그동안 나 자신이 더 행복한 시간을 보냈다. 결국 엄마는 아이들의 꿈 선생님이고 가장 가까운 친구이다. 아이들의 꿈을 키워주는 것은 엄마의 꿈을 실현하는 모습을 보여주는 것이다.

틀에 박힌 고정관념에서 벗어나길 바란다. 엄마의 생각과 가치관을 확장시켜 엄마와 아이들의 새로운 시대를 열어가길 소망한다.

우리의 아이들이 행복하고 꿈을 자유롭게 펼쳐나갈 기회를 열어주어야 한다. 한정되고 똑같은 꿈의 비전이 아니라 아주 다양하고 다채로운 꿈의 세계를 인정하고 존중하는 사회가 되어야 한다. 그 시작을 나와 우리의 엄마들의 동참으로 새롭게 열어가길 희망한다.

　인생의 절반의 시점에서 나는 많은 것을 결정하고 변화하는 시기를 보내고 있다. 그것은 실패를 두려워하지 않는 마음 때문이었다. 아직까지 현재 진행형이지만 나의 꿈을 이루어가고 있다.

　엄마의 꿈 연구소, 행복한 엄마 작가 김효정으로 나를 브랜딩하고 나의 꿈을 실천하며 늙어가고 싶다. 하나의 꿈이 더 생겼다면 호호 할머니가 되어도 작가로 살고 싶다. 스마트폰과 블루투스 키보드를 갖고 스타벅스 창가에 앉아 글을 쓰는 멋진 엄마, 멋진 할머니로 살고 싶어졌다. 꿈을 아름답게 실현하는 이 세상의 모든 엄마들에게 이 책을 바친다.

　무엇보다 내가 책을 쓰게 한 나의 결정에 찬사를 보낸다. 두 딸, 예은이 예린이에게 엄마의 딸로 와주어서 감사하다는 말을 하고 싶다. 그리고 묵묵히 아낌없는 도움을 준 남편에게도 무한한 감사를 전한다.

엄마의 꿈 연구소

행복한 엄마 작가 김효정

목 차

프롤로그 005

1장
오늘도
여전히 꿈꾸고 있는
엄마들에게

01 엄마들이여, 여전히 꿈꾸고만 살 것인가? 015
02 나를 사랑하는 행복한 엄마 되기 024
03 목적이 있는 엄마의 삶이 아름답다 032
04 '나다운' 엄마가 답이다 040
05 지금부터 주체적인 엄마가 되라 048
06 내 아이가 인정하는 엄마 되기 055
07 당당한 엄마가 아이를 강하게 키운다 063

2장

꿈이 있는
엄마는 포기하지
않는다

01 인생의 골든 타임, 놓치지 마라   073

02 가슴으로 느끼는 것, 그것을 찾아라   080

03 꿈꾸는 부자 엄마가 되어라   088

04 독서하는 엄마, 책으로 인생을 바꾼다   095

05 인생은 세일즈다, 나를 팔아라   103

06 우리 엄마는 유튜버   111

07 성공하는 엄마는 자기 믿음에서 시작한다   118

08 꿈이 있는 엄마는 포기하지 않는다   126

3장

내 인생의
기준을 남의 인생에
맞추지 마라

01 행복한 엄마가 인생을 주도한다 137

02 시작했다면, 단기적 성공에 목숨 걸어라 145

03 엄마의 아름다움도 경쟁력이다 153

04 남편을 나의 고객으로 생각하라 161

05 혼자 잘 노는 엄마가 남편과도 행복하다 169

06 빨리 성공하는 엄마의 습관 5가지 176

07 현명한 엄마는 돈 공부한다 185

4장

엄마의
인생 끝점을
살아라

01 딸아, 너의 꿈을 포기하지 마! 195

02 자신을 퍼스널 브랜딩 하라 203

03 끊임없는 자기계발로 몸값을 높여라 211

04 인생은 진정한 나를 찾는 과정 218

05 최고의 인생은 도전하는 인생이다 225

06 모든 순간, 감사하라! 232

07 상상하고, 실천하고, 집중하라 240

1장

오늘도
여전히 꿈꾸고 있는
엄마들에게

01

엄마들이여,
여전히 꿈꾸고만
살 것인가?

당신은 움츠리기보다 활짝 피어나도록 만들어진 존재이다.

– 오프라 윈프리

나는 한 남자의 아내로, 아이들의 엄마로 살다가 어느 순간 눈앞에 감당할 수 없는 외로움과 허무함을 마주하게 되었다. 누구나 엄마로서 살아온 존재의 의미를 되돌아보는 시간을 맞이하게 될 것이다. 나는 세상이 만든 각본에 짜인 대로 자신을 맡긴 채 꿈을 잃어버리고 사는 삶을 살고 있었던 것이다. 예전의 잊고 있었던 꿈, 다시 설레고, 가슴 뛰게 하는 나의 진짜 꿈을 찾아야 한다는 생각을 하게 되었다. 진정 가슴 뛰게 하는 진짜 꿈 없이는 빈껍데기인 인생을 살게 될 것 같다는 생각이 들었다.

오십 인생을 살면서 나의 삶은 여전히 변한 것이 없었다. 누구의 엄마로, 아내로 만족하는 평범한 삶, 그 자체였다. 그러다 문득 남은 인생이 살아온 만큼은 될지, 어쩌면 그만큼 안 될지도 모른다는 생각을 하게 되었다. 이런 생각은 나의 남은 인생과 모든 것을 수정해보기로 결심하게 했다. 누구의 엄마로 살아오면서 본래의 나의 모습을 잊고 산 듯했다. 나는 본래 어떤 모습의 사람이었고, 어떤 생각을 하고, 내가 좋아하는 것은 무엇이었는지 과거를 되돌아보며 미래의 꿈을 설계해보고 싶었다. 남은 인생은 내가 원하는 꿈을 찾고 살아 있는 삶을 가슴으로 느끼며 살아가고 싶은 소망이 생겼다. 아름다운 미래와 행복한 인생은 독립적이고 자유로운 나 자신을 바라볼 수 있을 때 가능한 것이라는 깨달음의 순간이었다.

이 깨달음이 주는 가치는 나에게 말할 수 없는 기쁨이 되고 앞으로 살아갈 용기를 주는 힘이 된다. 깨달음의 시기는 정해져 있지 않다고 생각한다. 내가 생각하고 반응할 때, 행동할 수 있는 힘도 함께 주어진다는 것을 이제야 알게 된 것이다.

아이는 엄마를 통해 꿈을 배운다

자신의 삶에 결코 무관심을 보여서는 안 되는 이유이기도 한 것이다. 내가 생각하는 것과 느끼는 것에 그때그때 반응만 잘하여도 삶은 허무할 수가 없는 것이다.

엄마의 꿈은 아이들의 미래에 행복과 꿈의 씨앗이 되어준다.

나는 뒤늦은 나이지만 사업을 시작하게 되었다. 독립적이고 경제적인 기반이 없으면 나의 주체성을 세울 수 없다는 생각을 하게 되었다. 그래서 내가 할 수 있는 사업을 찾게 되었던 것이다. 나이가 들어서도 자부할 수 있는 일을 찾게 되었다. 사업의 '사' 자도 모르던 내가 시작한 사업은 많은 시행착오를 겪었다.

처음부터 사업가 마인드가 무엇인지도 모른 채 시작했기 때문에 결코 쉽지 않았다. 아는 것도 없고, 준비되지 않은 채 실행부터 먼저 했기 때문이다. 남들이 보면 무모한 도전이라고 생각했을 수 있을 것이다. 그렇게 나의 좌충우돌 사업은 시작되었다. 힘든 과정이었지만 사업으로 인한 수익이 생기고 고객을 만날 때마다 힘과 용기를 얻게 되었다.

꿈은 나를 기쁘게 하고 나를 성장시키고 있다는 것을 느끼게 한다. 고인 물로만 살지 않는 것이 꿈을 갖는 이유이고 성취하는 기쁨으로 삶의 보람을 느끼게 되는 것이다. 엄마의 능력을 보여줄 기회는 스스로가 만드는 것이라고 자신 있게 말할 수 있다. 의미 있는 진정한 삶을 원한다면 멈추지 말고 끊임없이 내 속에서 말하는 내면의 소리에 응답을 잘하는 것이 필요하다. 순간의 삶에 반응을 잘하는 엄마가 자신의 삶을 더욱 빛나게 만들 수 있는 것이다.

이런 엄마를 보고 아이들은 더욱 자신감을 가지고 자랄 수 있다. 가슴 뛰게 하는 것, 살아 있음을 느끼는 것이 내가 일을 하고 행복을 느끼는 가장 큰 보람이다. 그리고 나에게 주어진 경제적 독립은 더없이 큰 힘을 준다. 지금의 21세기에는 엄마들이 용기를 갖고 자신만의 사업에 도전해보라고 말하고 싶다. 엄마들이 할 것이 너무나 많기 때문이다. 하고 싶은 일을 할 때, 꿈을 이루어나갈 때 평소에 생각하지 못했던 일을 해나가는 힘이 나에게 있었다는 것을 알게 될 것이다. 자기 자신의 능력을 일찌감치 평가 절하하는 어리석은 생각에서 벗어나야 한다. 내가 하고 싶은 것이 무엇인지 적극적으로 찾아보는 것이 중요하다. 나를 가슴 뛰게 하는 꿈이 무엇인지 집중적으로 살펴보아야 한다. 여성의 능력과 엄마의 능력을 보여줄 곳이 너무나 많다는 것을 알아야 하는 것이다. 육아하는 경력 단절 엄마들도, 나이가 든 중년의 엄마들도 무언가를 시도해보기에 늦은 나이란 없는 것이다. 시도조차 하지 못하는 것이 나약한 것이고 시간 낭

아이는 엄마를 통해 꿈을 배운다

비임을 알아야 한다.

　꿈을 이루는 방법은 내가 할 수 있는 범위를 찾아 조금씩 조금씩 도전해보는 것으로 시작할 수 있다. 아무것도 행동하지 않으면 아무 일도 일어나지 않는다. 꿈을 찾는 것은 나를 찾는 일이다. 과거에 잊고 지냈던 나의 꿈을 다시 꺼내어보고 가슴 설레고 꿈꾸는 인생을 살아보는 것이다. 당신이 간절히 원하는 것이 무엇인가? 어릴 적 품었던 설레었던 생각과 이루고자 잠을 설쳤던 경험은 무엇인가? 엄마들이 꿈꾸고 그 꿈을 실현하는 과정에서 우리는 또 한 번 가슴 뛰는 삶을 살 수 있을 것이다.

　우리 아이들의 꿈이 소중하듯 나의 꿈도 소중한 것이다. 꿈이 없는 엄마는 아이에게 어떤 모습으로 비춰질까? 지금 내 아이가 엄마의 꿈은 뭐냐고 묻는다면 뭐라고 답할 수 있을까?

　엄마의 꿈꾸는 인생을 다시 설계해볼 때인 것이다. 엄마의 묻어두었던 꿈을 이제는 꺼내어보는 것은 어떤가? 내가 좋아하고 가장 하고 싶었던 것들을 꺼내어 나열해보고 하나씩 정리해보는 것이다. 잠시 잊고 있었던 가장 솔직한 내 모습을 드러내어 진심으로 나를 바라보는 작업을 해보는 것이다. 진실한 나의 모습과 마주할 때가 언제였는지도 모른다.

꿈을 꾸었던 인생에서 나아가 꿈을 이루는 인생으로까지 한 발짝 한 발짝 도전해보는 것이다. 인생을 끝까지 잘 살기 위한 첫걸음을 내딛게 되는 것이다.

꿈의 가치는 내가 진정으로 원하는 것, 이루고 싶어진 소망을 이루어가는 것이다. 하고 싶은 소망이 생기면 어떻게든 시간을 내게 되어 있다. 그리고 시간과 여유가 없다고 언제까지 핑계만 댈 것인가! 당신의 마음이 시키는 대로 행동하고 도전한다면 꿈을 이루는 곳으로 저절로 가 있음을 알게 된다. 나의 꿈은 사람들에게 나도 했으니 당신도 할 수 있다는 자신감을 전하는 것이다. 그냥 머무르는 것이 아니라 실천과 도전을 해봄으로써 거기서 배우는 크기도 남다른 것이다. 그렇게 나의 꿈을 키우며 꿈을 이루고 더 나은 곳으로 큰 보람을 찾아 나서게 된다. 인생은 시작하는 도전 없이는 절대 아무 의미 없는 것이다.

이런 꿈을 찾는 과정과 함께하면 내가 살아 있는 느낌이 강하게 드는 것이다.

나는 남편의 월급을 아끼면서 살아야 한다는 생각으로 살았다. 심지어 눈치까지 보게 될 정도였다. 넉넉하지 못한 월급으로 빠듯하게 살림을 살아야 하는 것도 힘든 일이었다. 지금 생각하면 왜 그때 관점을 바꾸어 생각해볼 수 없었는지 모르겠다. 한쪽에만 치우쳐 생각하다 보면 전혀 다른 방향으로 생각하기가 좀처럼 어렵게 된다. 내 꿈도 마찬가지였다. 관점을 바꾸면 다방면의 살아갈 방법들이 많다. 편협되고 좁은 시각이 스스로를 더 답답하게 살게 했었다는 것을 깨닫게 되었다. 무조건 아끼는 것만이 능사가 아니라 더 벌면 된다는 생각을 하지 못했던 것이다. 좀 더 나답게 드러내는 삶을 살지 못하고 핑계만 찾아 나 스스로를 정당화하려 했던 것이다. 이 얼마나 답답한 인생인가! 나답게, 당당하게 나를 드러내지 못하는 못난 삶을 살았던 것을 후회하게 되었다.

꿈이 있는 엄마는 이 세상이 가치 있는 아름다움으로 느껴질 것이다. 삶은 나에게 주어진 기회의 창고이다. 나의 가능성을 열어 그 가능성의 세계로 나를 인도하는 것이다. 나를 가두는 것은 그 누구도 아닌 나 자신이다. 이런 어리석음을 깨달음과 동시에 나 자신의 꿈을 찾고 그 꿈을 꾸기만 하는 것이 아닌 꿈을 향해가는 멋있고 아름다운 엄마가 되기로 결심한 것이다. 이러한 엄마의 삶을 보고 자라는 아이들은 어떨까? 꿈과 도전을 위해 모험을 두려워하는 아이가 아니라 그 꿈을 위해 더 당당한 모습의 아이가 되지 않을까? 그리고 그 가능성의 크기는 얼마나 클지 너무나 가슴 벅찬 일인 것이다.

꿈을 이루어가는 행복한 엄마와 도전적인 삶을 사는 엄마를 보며 자라는 아이에게는 무한한 가능성의 바다가 펼쳐지게 될 것이다. 꿈을 갖고 이루어가는 엄마는 대단한 자존감을 가진 사람임에 틀림이 없다. 자신의 꿈을 찾고 실현하는 과정도 엄마 자신의 자존감 없이는 이루어갈 수 없는 과정인 것이다. 많은 엄마들이 시도조차 못 하고 주어진 삶에 그저 자족하며 살아가게 되는 것이다. 이것이 세상에 나를 드러내기를 꺼려하는 가장 큰 이유이기도 하다. 내 아이가 원하는 꿈을 꾸고 그것을 이루어가기를 누구보다 엄마들은 소망할 것이다. 멋진 아이들로 성장시키려면 먼저 엄마가 엄마의 꿈을 실현하는 과정을 직접 보여주는 것이다. 이것처럼 가장 확실한 모범을 보이는 방법은 없을 것이다. 아이에게 엄마의 꿈을 실현하는 모습을 보여준다면 아이에게도 큰 도전과 자신감을 심어줄 수 있을 것이다.

실패는 우리 인생의 곳곳에 기다리는 연단의 과정이 되어준다. 좌절과 실패를 두려워해서는 성공과 거리가 먼 삶을 살 것이다.

엄마 자신의 마음 그릇이 커야 내 아이도 크고 자신감 있는 마음자세를 가질 수 있다. 좌절과 실패를 대하는 자세에서 많은 모험과 도전을 두려워하지 않게 되는 것이다. 우리 인생은 아주 긴 장거리 경주이기 때문에 시도와 도전할 것이 너무 많다.

어렸을 때 우리의 꿈은 얼마나 많았고 자주 바뀌었던가! 하고 싶은 일들이 너무 많지 않았던가!

이제는 엄마가 꿈꾸는 삶을 통하여 우리 아이의 꿈 선생님, 꿈의 멘토가 되어주어야 할 것이다.

02

나를
사랑하는 행복한
엄마 되기

나의 20대는 자신감이 넘치고 의욕이 넘치는 삶을 살았다. 하고 싶은

것은 해야 직성이 풀리는 성격이었다. 당당하고 창조적인 생각과 아이디

어가 넘쳐나는 사람이었다. 부모님도 내가 배우고 싶어 하고, 하고 싶어

하는 것은 적극 후원해주셨다.

그렇게 아쉬움 없이 살다 결혼을 하고 아이가 생기니 아이 위주로 살

게 되는 것은 엄마의 당연한 삶이다. 아이가 웃고 아이가 행복하면 엄

마도 행복하다. 그렇게 세월이 가면서 텅 빈 엄마의 마음을 만난다. 이러

한 공허함과 빈 마음을 채우기에는 무언가 부족함을 느끼게 되었다. 어

아이는 엄마를 통해 꿈을 배운다

느새 나는 나를 잃어가며 내 생각도 잃어가는 엄마가 되어버렸다.

아이들이 우선이 되고 남편을 먼저 생각하게 되고 나를 챙기는 것은 순위 밖의 일로 밀려나 있었다. 그래서 항상 아이들과 같이 지내지만 우울하고 불행한 느낌으로 하루하루를 지낼 수밖에 없었다.

나는 왜 이렇게밖에 살 수 없는가? 어떻게 하면 답답한 생활에서 벗어날 수 있을까 하는 생각들로 가득 찼다. 하지만 얻어지는 결론은 지금의 현실을 받아들이는 수밖에 없었다. 할 수 있는 것이 아무것도 없다고 생각을 했다. 주어진 삶을 그저 감사하게 생각하고 살아야 한다고 합리화했었다. 그때는 무엇을 해야겠다는 의욕도 없었고 아이들을 키우고 살림만 하는 엄마로 사는 것이 최선이라 생각했다. 나 자신의 한계를 정해놓고 살았다. 그래서 더 무기력한 삶을 살게된 것이다. 의도하지 않았지만 무의식적으로 나 자신을 내가 그렇게 만들고 있었다. 내 인생의 주인공으로 독립적 주체로 살지 못한 결과이다.

행복하지 않은 엄마는 아이들에게도 짜증을 내게 되고 엄마의 감정이 아이들에게도 그대로 전달이 된다. 결혼 연차와 상관없이 의외로 많은 엄마들이 문제 상황에서 감정적인 어려움을 겪는다고 한다. 육아에 너무 몰두하다 보니 엄마에게 분리불안이 생기기도 하고 가족들을 챙기는 일에만 신경을 쏟으면 마음에 여유가 없어져 남편과 싸우는 일도 잦아진다.

좋은 엄마, 좋은 아내가 되려고 할수록 타인만 돌보느라 자신의 감정은 관심 밖으로 밀어내버리게 된다. 엄마가 행복하지 않다면, 아무리 노력해도 가정이 행복할 수 없다.

엄마의 감정을 어떻게 다스려야 행복한 엄마가 될 수 있을까?

행복한 엄마가 되려면 일상 곳곳에 기분 좋은 순간들을 의도적으로라도 만들어야 한다. 가족들 사이에서 부대끼다 보면 에너지가 금세 바닥이 나고 피로가 쌓여 짜증이 밀려올 때가 많다. 엄마의 마음 건강을 위해서는 혼자 있는 시간을 가질 필요가 있다. 잠깐이라도 혼자 있는 시간을 갖고 마음을 내려놓고 마음을 비우는 연습을 하는 것이다. 산책도 하면서 생각을 정리하고 걷기만 해도 기분이 정화되어 우울감이 줄어들게 된다. 지금까지 가족들만 신경을 썼다면 자신이 무엇을 좋아하는지 오감을 즐겁게 해보는 것도 좋다. 그저 행복이 들어올 만한 틈을 만들어주는 것이다. 행복의 기운을 부르는 작은 습관들을 만들어보는 것이다.

의외로 엄마들은 스스로에게 베푸는 행동을 이기적이라고 생각하기도 한다. 자기 자신에게 스스로 희생을 강요하면서 살아오게 된다. 가장 중요한 것은 자기 자신을 먼저 긍정적으로 바라볼 줄 알아야 하는 것이다. 내가 나를 인정하고 긍정적으로 바라봐주지 않으면 누가 나를 바라봐줄 수 있을까?

나 자신은 이 우주에서 충분히 사랑받을 자격이 있는 사람이다. 나를 사랑하는 것은 대단한 자존감이라 할 수 있다. 자기 연민적인 사람들이 실패했을 때에도 자신을 비난하지 않는다.

이것은 실패를 덜 두려워하고, 실패 후에도 다시 시도하고 노력할 가능성이 더 높다는 것을 의미한다. 나를 사랑하는 자존감으로 자신의 진짜 꿈을 찾고 행복을 찾아 나서야 한다. 우선순위를 알고 나를 위한 시간과 가치에 투자하는 것은 당연하다.

그것이 엄마의 행복을 찾는 길이고 한 인간으로서의 존재 가치를 찾고 더 행복할 수 있게 되는 것이다. 나를 사랑한다는 것은 자기 자신을 온전히 믿고 따른다는 것이다. 삶이 주는 모든 질문의 답은 내 안에 있다. 내 삶의 주인은 오직 나이기 때문에 방황할 이유도 없는 것이다. 나를 사랑하는 확고한 믿음과 확신 속에 인생의 방향을 정하면 되는 것이다.

나를 사랑하는 대단한 자존감으로 살아가는 것은 쉬운 것은 아니다.

자라온 환경과 학습된 과정의 영향도 받게 된다. 나의 아버지는 자존감이 대단한 분이셨다. 아버지는 기계를 설계하고 기계를 제작하는 일을 하셨다. 하시는 일에 대한 긍지와 자부심이 대단하신 분이었다. 나 또한 아버지의 영향을 받아 창조적인 일을 좋아하고 손으로 만드는 것을 좋아해서 손재주가 좋다는 말을 많이 들었다. 아버지를 닮아서 나 또한 나를 사랑하는 마음이 크다는 생각으로 컸다.

하지만 결혼을 하고 아이들을 키우며 똑같은 일상으로 살다 보니 예전의 내 모습은 온데간데 없어졌다. 자신감도 없어지고 무엇을 위해 살아야 하는지 삶의 목적도 잃고 살아오게 된 것이다.

나를 사랑하고 행복한 엄마가 되는 것은 아이들에게도 좋은 영향을 끼친다. 좋은 엄마가 되고 싶은 마음에 저지르는 실수가 아이들을 지나치게 통제하게 된다. 하나부터 열까지 엄마의 생각을 아이에게 개입시키기 때문이다. 완벽주의 엄마에게 자란 아이는 공감을 받지 못한다고 느끼고 커서는 정체성이 혼란해지는 문제를 겪기도 한다고 한다.

결국에는 자신을 돌볼 줄 알고 감정을 잘 조절하는 엄마가 아이의 마음을 건강하게 만드는 것이다. 나 자신뿐만 아니라, 아이를 위해서도 좋은 엄마가 되겠다는 완벽한 마음을 내려놓고 그저 행복한 엄마가 되어 그 행복을 아이에게도 전하는 엄마가 되자는 것이다.

나를 사랑하고 행복한 엄마에게서 나오는 에너지가 아이에게 그대로 전달된다.

행복한 엄마가 아이를 행복하게 만들고 가정을 더욱 행복하게 이끌게 된다. 나의 행복이 우선이 되어야 모든 것이 아름답게 보이는 것이다. 엄마의 역할을 잘 해내려고 하기 전에 스스로의 감정을 잘 살피고 돌보아 나부터 행복해지는 연습을 해보자. 나를 희석하지 말고 나다운 인생을 자유롭게 살 수 있는 독립적인 엄마가 행복한 엄마가 될 수 있을 것이다. 나를 사랑하는 행복한 엄마가 우리 가정을 행복과 웃음으로 가득하게 할 수 있을 것이다.

진정한 행복의 의미는 각 개인의 필요가 충족될 때일 것이다. 원하는 목표를 이루고 충족이 될 때 영혼의 만족감과 성취감이 진정한 행복일 것이다. 그렇다면 행복하기 위해 엄마들은 무엇을 먼저 해야 할까? 행복하기 위해 자신에게 필요한 것이 무엇인지 자문하는 것이 필요하다. 나의 본질을 깨닫고 내가 필요로 하는 것을 발견하고 내면의 기본 욕구를 깨달아야 한다. 행복을 갖기 위해서는 자신을 찾아 나서는 용기가 필요한 것이다.

어떤 데이터상에서 한국의 행복지수가 세계 61위라는 보도를 보았다. 국가가 발전했고 국가의 위상에 비해 여전히 낮은 행복지수는 행복의 참된 의미를 찾지 못해서 아닌가 하는 생각이 든다. 참된 행복의 의미는 엄마 자신을 찾아가는 여행을 하는 것이다.

행복은 남이 나에게 주는 감정이 아니다. 나 스스로가 행복하게 하는 연습이 필요한 것이다. 스스로를 사랑하고 나의 감정과 욕구를 드러내는 것에 부끄러워할 이유가 없다. 나를 찾는 과정에서 나의 내면의 충실한 음성을 들을 수 있는 것이다.

"이 세계는 무한한 우주부엌(Cosmic Kitchen)과 같고, 우리의 주문을 기다리는 우주 주방장은 항시 대기 중이다. 우리가 할 일은 원하는 것이 무엇인지 아는 것과 어떻게 주문하는가이다."

– 패트리샤 J. 크래인, 『행복한 나를 만드는 자기 긍정의 기술』 중에서

이제부터 원하는 것이 무엇인지 엄마의 버킷리스트를 작성해보자. 내가 간절히 원하는 것은 무엇이고, 내가 하고 싶은 일은 무엇인지 내면의 나에게 질문해보는 것이다.

이 질문을 통해서 가지고 있는 문제를 해결해나갈 수 있다. 우리의 인

생은 흩트려놓은 실타래와 같다고 생각한다. 그러므로 조금씩 실마리를 찾아 풀어나가는 것이 인생의 문제를 해결하는 시작이 될 것이다. 현실의 어려운 문제는 누구나 가지고 있을 것이다. 문제 해결을 위한 시작도 하지 못하는 사람이 되어서는 안 될 것이다. 문제 해결의 답은 언제나 내 안에 있기 때문에 모든 문제는 극복할 수 있다는 용기를 가지고 시작해보길 바란다.

03

목적이 있는
엄마의 삶이
아름답다

우리는 왜 사는 것일까? 과연 삶의 목적은 무엇일까?

이 질문의 해답은 거의 정해져 있는 것처럼 보인다. 바로 행복인 것이다. 우리는 행복해지기 위해 산다. 삶의 목적은 행복인 것이다. 행복이 바로 삶을 살아가는 이유가 되는 것이다. 하지만 삶은 행복이 목적이 되는 것이 아니라 삶의 과정일 뿐이라는 것을 알아야 한다.

엄마들뿐만 아니라 대부분의 사람들은 뚜렷한 목적 없이 살아가는 경우가 많다. 결혼과 동시에 육아에 몰두하는 과정에서 잃는 것은 바로 자신의 정체성인 것이다. 나도 그랬다. 특히 첫째 아이를 키울 때는 엄마가 처음이라 아이에게 온 관심을 기울였다. 온통 아이에게 관심을 쏟다 보니 여유를 가지고 내 자신을 돌아볼 수 없었다. 나 자신의 정체성이나 나를 위한 시간을 낸다는 것은 도저히 힘든 일이었다. 그때 나는 없고 오로지 육아에만 몰두하던 시절이었다. 육아가 내 인생 전부인 시절이었다. 슬프게도 그때 나는 없었다.

엄마이기 이전에 한 사람으로 살아가는 목적을 분명히 가진 엄마는 인생의 실수를 최대한 줄일 수 있을 것이다. 이것은 여러 가지 시행착오를 줄일 수 있는 최선의 방법이 될 수 있다. 우리는 자신의 인생의 큰 방향과 목적에 대해서는 막연하게 생각하는 경향이 있는 것 같다. 당장 코앞에 닥친 작은 목표만 보며 살다 보니 자신이 누구인지 정작 잊고 사는 엄마들이 대다수인 것이다.

내 경우도 큰아이를 키우며 한참 동안 나 자신을 생각하지 않고 살았다. 나를 지키지 못했던 그 시간은 세월이 흘러도 지금까지 후회로 남게 되었다. 아이만 생각하며 나를 위한 투자는 하지 않고 그저 또래 엄마들과 허무하게 시간을 보냈던 그 순간에 아쉬움이 많았다. 그렇다고 육아에 완벽하고 만족한 것은 아니었다. 아이와 함께했던 그 시간에 나를 가꾸고 미래도 설계해보는 시간을 가졌어야 했던 것이다.

시간이 한참 지나서야 그때 그 시간이 너무 소중했었다는 것을 깨닫게 되었다.

내 삶이 원하는 방향에 대한 깊은 통찰과 생각 없이 우리는 작은 목표 하나에만 오로지 집중하게 된다. 그러다 보면 많은 것을 항상 놓치고 생각지 못한 다른 방향의 삶을 살 수도 있게 되는 것이다. 엄마의 삶은 아이들과 가족에 집중한 나머지 자신을 돌아보지 못한 채 살아가게 된다. 이것은 자신의 정체성을 육아를 핑계로 놓쳐버리는 셈이다. 아이를 키우더라도 자신을 명확하게 정의한 사람은 흐트러짐이 없을 것이다. 한 살이라도 젊을 때 엄마가 원하는 삶의 목적을 먼저 정하게 되면 현명한 삶을 살게 될 것이다. 앞으로 있을 20~30년 후의 자신의 모습을 상상하면서 그 목적을 한번 정해보는 것은 어떨까? 그 상상한 목적을 기준으로 오늘 일어나는 많은 상황에서 순간순간 결정을 내릴 때에 기준으로도 사용할 수 있을 것이다. 목적을 이룰 수 있는 범위 내에서의 선택은 인생의 잦은 실수와 리스크를 많이 줄여주게 될 것이다. 아이들을 키우며 가족만을 위한 인생을 살 때는 잠깐의 여유도 나를 위해 쓸 수 없었다. 하지만 엄마이기 전에 한 여성이고 사회인이고 사람이다. 인격체를 가진 온전한 한 사람으로서의 소중한 가치를 생각해보아야 할 것이다.

　세상의 엄마들이 너무 완벽한 육아를 지향하기 때문에 나를 잃고 헤매
는 시간이 너무 길어지는 것 같다. 과연 완벽한 육아와 양육이라는 말을
정의 내릴 수는 없을 것이다. 한 개인의 인간이 성장함에 있어 완벽함이
란 존재하지 않는 것과 같다. 그러기에 삶의 우선순위를 정하고 신중한
미래를 설계하는 것은 흔들림 없는 삶의 목적이 되어줄 것이다. 이런 엄
마가 현명하고 지혜로운 엄마의 모습이 되지 않을까 생각한다. 무엇보다
소중한 시간은 우리를 마냥 기다려주지 않는다는 것을 기억해야 한다.
먼저 경험하고 살아온 선배들의 이야기에 귀 기울이고 책을 통한 조언을
새겨듣는다면 그 시간을 조금이나마 낭비하지 않을 것이다. 그런 의미에
서 나의 경험을 통해 많은 엄마들이 도움이 되었으면 한다.

　물론 나는 완벽한 삶을 살아온 인생 선배는 아니다.
　아주 평범하고 다른 엄마들과 차별되지 않는 사람 중 한 사람이었다.
하지만 나는 1년 동안 100권 이상의 많은 책을 읽었다. 인문학, 심리학,
성공학, 비즈니스에 관련된 책을 닥치는 대로 읽었다. 그 이유는 내 삶
의 결핍을 채우고 싶고 성공하고 싶은 강렬한 마음 때문에 무조건 닥치

는 대로 많은 책을 읽었다. 내 자신의 부족함과 결핍을 느꼈을 때 찾아오는 그 갈급한 마음을 이해할 수 있을까? 그런 마음을 해결하기 위해 책을 읽고 또 읽었다. 옆에 있는 누군가의 한마디 조언보다도 책에 길이 있다고 믿고 확신했다. 책을 읽고 느낀 중요한 점은 나를 제대로 알게 되는 것이다. 책이 말하는 내용에 나를 비추어보기 때문에 나 자신을 객관적인 관점에서 바라보게 된다는 것이다. 나를 객관화할 수 있다면 나를 분석할 수 있게 되고, 내가 지니고 있던 잘못된 생각과 이념을 알게 된다. 그리고 돌이켜 자신을 발전시킬 수 있는 방향을 제시하는 나침반의 역할을 해준다는 것을 깨달았다. 앎이란 나 자신을 잘 알고 타인을 아는 것이다. 먼저 나를 안다는 것은 폭넓은 깨달음이 될 수 있다. 나 자신을 깨닫는 과정이 무엇보다 중요하다. 자신의 장점과 단점을 꿰뚫고 있는 사람은 메타인지가 높은 사람이다. 나를 알고 남을 알면 백전백승이라는 말처럼 먼저 나를 잘 파악하는 것이 중요하다.

요즘은 나를 알 수 있는 검사들도 많이 있기 때문에 한 번 해보는 것도 추천한다.

이런 검사 없이도 자기를 잘 이해하고 인지하는 사람들도 물론 있다. 이런 사람들은 평소 자신을 너무 사랑하고 내면을 가꾸는 훈련과 개인적

아이는 엄마를 통해 꿈을 배운다

인 배움의 시간에 투자를 많이 한 사람일 것이다. 깊은 명상과 깨달음의 시간을 가진 사람은 확실히 행동과 말에 자기만의 강한 확신과 믿음이 있는 것을 본다. 여러분도 자신을 확신할 수 있는 믿음을 갖기 위해 무엇을 해야 할지 구체적으로 생각해보라. 자기 자신의 확신과 믿음은 마음 근육을 단련시켜준다. 주어진 어떠한 문제에도 자신을 돌보게 되고 자기 자신의 자존감도 높은 사람이 되는 것이다.

나이가 들면서 인생은 연습과 훈련의 반복된 과정임을 깨닫게 되었다. 나의 인생도 마찬가지다. 참된 인생의 가치를 나이 오십이 다 되어서야 조금씩 깨달을 수 있었다. 내 인생을 다시 새롭게 살아보라 한다면 무엇부터 할 것인가? 이제껏 살아온 삶을 회상해보는 것이다. 당신은 얼마나 잘 살아왔는지 다시 주어지는 삶의 기회를 어떻게 붙잡을 것인지 되짚어 생각해보면 그 안에서 답을 찾을 수 있다. 거의가 만족하는 삶을 살아오지 못했기에 똑같은 실수를 하지 않기 위해서도 주어진 삶에 신중해질 수밖에 없을 것이다. 인생의 가치를 다시 깨달았다면 이제는 삶의 방향을 찾아 내가 원하는 목표와 내가 살아갈 가치 있는 목적을 위해 구체적인 방법만 찾으면 될 것이다. 인생은 한결같이 평탄하지 않을 것을 잘 알기 때문에 단정 지을 수는 없을 것이다. 실수와 실패를 겪을 것을 알기에 그것을 줄여줄 방안을 미리미리 대비하는 것이다.

처음부터 완벽한 삶을 기대할 수는 없지만 세운 목적에 흔들림 없이 실행을 해봄으로 시작부터 해보는 것이다. 삶의 목적은 또한 단계와 단계를 거치면서 변화하기 때문에 너무 고민할 시간을 가질 필요는 없을 것 같다. 삶은 더 위대하고 성장된 의식으로 발전하는 과정이기 때문이다. 삶의 목적을 찾는 것이 너무 힘들다면, 먼저 자신에게 활력을 주는 것, 연결감을 주는 것, 자극을 주는 것이 무엇인지 집중해보길 권한다. 당신의 느낌을 따르고 좋아하는 것을 하면 성공 그 이상의 것을 하게 되기 때문이다.

이젠 정해진 목적 앞에 우리는 머뭇거릴 이유가 전혀 없을 것이다.

명확하지 못한 목표와 목적이 없던 우리는 외딴섬에 표류해 방황하고 있던 나 자신의 모습이기도 하다. 빨리 자신만의 삶과 목적을 찾고 그것에 전념하기 위해 필요한 것은 바로 용기인 것이다. 진정한 의미의 용기는 두려움을 넘어서는 것이기 때문에 모든 것의 기본 바탕이 되기도 한다.

사랑도 용기가 있어야 하고 도전 또한 그러하다. 희망이 사라진 곳에서도 용기만 있으면 다시 새로운 희망을 품을 수 있듯이 용기를 갖고 주어진 삶과 당당히 마주해보길 바란다.

역동적인 신념의 힘을 믿는다면 최대한 내가 선택한 목적지를 이루고 말 것이 분명할 것이다. 웅크렸던 엄마의 모습에서 목적과 용기가 있는 삶으로 나아가는 멋있고 씩씩한 엄마가 되어보는 것이다. 목표와 목적이 분명한 엄마는 아름다운 철학이 있는 삶으로 꿈을 하나씩 성취해나갈 것이 분명하기 때문이다. 지금까지의 삶에서 주인공답게, 나답게 가치 있는 삶으로 살아가는 것이다.

04

'나다운'
엄마가
답이다

인생의 목적은 사랑받는 사람이 되는 게 아니라 자기 자신이 되는 것
이다.

- 무라카미 하루키

삶에서 정말로 중요한 것은 나 자신을 객관화해서 보는 것이다. 바쁜
삶에서 하나둘씩 잊고 사는 것이 정작 나 자신이라는 것이다. 다른 사람
이 보는 내가 아니라 본래의 나를 찾는 것이 나답게 사는 첫 번째가 되어
야 할 것이다. 진짜 나를 찾는 연습은 필요하다. 자신을 제대로 아는 것

아이는 엄마를 통해 꿈을 배운다

이 내 삶을 가장 나답게 살아가는 기본이 되기 때문이다.

진정한 나를 찾는 연습은 나 자신과의 솔직한 대화를 깊게 나누어야 가능한 것이다. 나도 나를 잘 모르는 경우가 많은데 나를 알아간다는 것은 말처럼 쉬운 과정은 아닐 테니까.

나의 생각과 깊이 있게 마주하여야 한다. 마음과 내가 하나가 되어야 한다는 것이다. 내 생각과 마음을 정리해가면서 나 자신에 대한 정의를 천천히 내려볼 수 있게 되는 것이다. 이러한 과정들을 거치면서 내면에 자리 잡고 있는 가장 원하는 욕망을 충실히 써 내려가는 것이다.

내가 선택한 방법을 소개하자면 나를 알아가는 방법을 산책을 하거나 혼자 하는 운동을 통해 경험하고 있다. 나는 가끔 동네 근처에 있는 공원을 산책하면서 내면의 나와 조용한 대화를 많이 나눈다. 나이가 들면서 혼자 하는 운동도 즐겁고, 혼자 하는 산책도 나에게 마음 수련하는 좋은 방법이 되었다. 여럿이 어울리는 것도 좋지만 한 번씩 조용하게 혼자만의 시간을 갖는 것도 좋다. 혼자 하는 산책은 쓸데없는 상념을 없애기에도 좋다.

또 나 스스로와의 대화에서 많은 교감과 아이디어를 얻게 된다. 생각이 많을 때 걷게 되면 마음도 정화가 되고 차분해져서 나의 혼란한 마음을 다스리기에 정말 좋은 것 같다.

또 아침 일찍 커피숍에서 커피 한잔으로 여는 혼자만의 명상도 좋을 것이다. 혼자만의 시간은 나를 사색하게 하고 깊이 있는 우아한 사람으로 만들기도 한다.

나를 사랑한다면 조용한 혼자만의 시간을 만드는 것이 아주 좋은 훈련이 될 것이다. 성공한 사람들의 생활 루틴에서도 고요한 명상의 시간은 빠지지 않는 일상생활인 것처럼 말이다. 생각이 너무 많아 마음이 복잡하거나 남들의 이야기에 예민한 사람, 삶의 방향성을 고민하는 사람들이 있을 것이다. 누구나 차분한 명상으로 마음을 다스리는 것은 정신건강에도 좋다. 아침 명상 시간을 생활 습관으로 만들면 더할 나위 없는 삶의 활력을 준다. 내면의 나를 만나는 시간은 나를 더 풍성하고 밀도 있는 삶으로 인도할 것이다.

이렇게 명상과 혼자만의 시간을 가짐으로 자신과의 혼잣말을 통해 나 자신을 알아가는 것이다. '나'를 생각하는 것은 이기적인 것이 아니라 나를 잃지 않기 위한 선택인 것이다.

내가 아닌 외부에 기준을 두게 되면 끊임없이 타인과 비교하며 자존감을 깎아 내리게 되는 셈이다.

이 세상에 완벽한 사람은 아무도 없다. 부족한 가운데 배움의 열린 마음만 있다면 충분히 가능하다. 배움에는 순서가 없다. 가장 나다움을 찾고 그것을 찾아가는 길을 만나기만 하면 되는 것이다. 우리는 사회 통념상 무엇이 옳다고 하면 그 하나를 비판적 사고 없이 따르는 일이 무수히 많다. 뭔가 개성을 갖고 남다른 생각과 남이 하지 않는 행동보다는 비슷한 생각과 그런 집단에 소속되는 것을 더 안정감 있게 받아들이기도 하는 것이다.

몇 년 전까지만 해도 나는 사람들에게 잘 드러내지 않고 있는 듯 없는 듯한 삶을 살아왔었다. 나를 내세우고 내 주장을 펼치면 주위의 사람들이 나를 싫어하는 것 같다는 생각이 들었다. 그래서 내 생각과 내 뜻을 솔직하고 자유롭게 말하지 못했다. 이런 상황이 많아지니 어느새 나는 말이 없는 조용한 사람이 되었고 내 생각을 드러내는 것을 꺼려하는 사람이 되어 있었다.

상대방을 의식하고 나 자신을 감추는 것이 꼭 가면을 쓴 기분이었다. 상대방에게도 나에게도 거짓되고 위장된 모습이었다. 결국에는 관계를 망쳐버리는 결과까지 만들게 되었다. 나 자신에게도 솔직하지 못하니 스스로를 자책하기까지 했다.

시간이 지나면서 이러한 생각을 정리하게 되었다. 나 자신에게 솔직하지 못하면 남들에게도 솔직하게 다가가지 못한다. 결국에는 가식적인 사람이 될 수밖에 없음을 인정하게 되는 것이다. 그래서 '나다운 것'이 제일 솔직한 모습이고 정체성을 만들어가는 우선이 되는 것이다.

적극적으로 나를 파고들어 본질적인 나와 만나는 이 과정은 누구에게나 가장 필요한 것이다. 왜냐하면 나를 바로 아는 것은 내가 꿈을 꾸고 실현해나가는 과정에서 기본이 되기 때문이다. 이것이 되지 않으면 꿈을 꾸고 실현해나가는 과정이 좀 더 복잡해지고 실패의 과정을 더 많이 거치게 될 수 있기 때문이다. 자기만의 철학을 만드는 것은 나를 더 단단하게 만들고 다른 사람들의 생각에 휘둘리지 않게 하기 위한 것이다.

'나다운'의 참 의미는 무엇일까? '진짜 나', '나다운 나', '참다운 나'는 스스로의 자각에 의한 '나'에 대한 인식과 내가 속한 외부 세계가 나를 어떻게 받아들이고 있는가에 따라 달라질 수 있다. 더 나은 내가 되고 싶다면 내부, 외부 가릴 것 없이 노력을 펼치면 가능하다. 즉 내적 동기나 자기 가치관 등 내면의 성숙함을 기르는 동시에 외부적으로도 사교나 화술, 대인관계 등을 길러나가는 노력도 필요할 것이다. 그렇게 한다면 안팎으로 균형이 잡힌 나를 만날 수 있게 되는 것이다. 먼저 나다운 면모를 찾는 것이 우선순위이고 그다음은 부족한 부분을 채워나가면 되는 것이다. 나를 찾는 과정을 통해서 정체성의 절반은 완성하게 되는 셈이다.

아이를 키우다 보면 진정한 자신의 민낯을 보게 된다. 아이를 키우느라 반강제로 경력이 단절되는 공허함을 느끼기도 한다. 동시에 배우자가 벌어오는 돈에 의지해서 얹혀사는 기분이 들 때 느끼는 우울함은 이루 말할 수 없다.

물론 사회생활을 병행하는 워킹맘의 경우라면 조금은 다르겠지만 말이다. 그래서 독립적으로 나다움을 찾아 나만의 출구를 만들어야 한다. 나다운 것을 찾고 계발하는 엄마들은 자신감이 넘친다. 마음에 여유가 있기 때문이다.

현실에 만족하지 말고 자신을 발전시키는 것에 중점을 두게 되는 엄마는 성취하는 삶을 살 수밖에 없다. 이들은 과정도 중요하게 생각하고 끝내 결과를 얻는 사람들이기 때문이다.

나다운 엄마는 아이들을 그대로 인정하게 되고 인정받는 아이들은 자신감이 넘쳐날 수밖에 없다. 그래서 엄마는 아이들의 거울이고 나다운 엄마의 모습을 통해 가정이 건강해질 수 있는 것이다. 너무 열심히 살고 뭐든지 잘하려고 애쓰지 말자. 적당히 힘을 빼고 대충 살아도 괜찮다. 그리고 나를 믿고 기다려주자. 그동안의 나를 점검해보고 도약의 시간을 가져보는 것이다. 무언가를 꼭 해야 한다는 조바심을 버리고 마음을 내려놓고 긍정적으로 나를 바라보는 것이 필요한 것이다. 나를 객관화해서 점검하고 이를 통해 버려야 할 나의 모습들도 있다. 먼저 비우고 채우는 과정을 통해 독립적인 엄마로 한층 성장해 있을 것이다. 내가 하고 싶은 것, 내가 먹고 싶은 것, 내가 가고 싶은 곳 위주로 생각의 방향을 바꾸어 보자. 나만의 공간을 만들어 이곳에서 책도 읽고 글도 쓰면서 행복한 나만의 시간을 보낼 수 있는 엄마가 되어보는 것이다. 자기만의 기쁨의 시간을 만드는 것이다.

나에게 집중하는 시간을 갖고 예전의 내 모습을 상상하며 내가 추구하는 방향의 모습을 설정해보는 것이다. 이것이 엄마의 꿈을 찾는 과정이다. 나를 찾아가는 것에서 내가 가야 할 방향을 찾게 된다. 미래의 내 모습을 그려나갈 수 있게 되면 이제 시작이다. 나의 관심사를 찾고 하고 싶은 것들을 재미나게 해보는 것이다.

알고 보면 삶과 인생은 별것이 없다고 생각할 수 있다. 내가 중심이 되어 만족하는 삶이 되면 그것으로 족한 것이다. 그렇지만 인생은 장담할 수 없는 것이라 언제, 어디서, 어떤 일들이 어떠한 순간에 벌어질지 모르

는 것이다. 그래서 미래를 준비하는 마음으로 더 성장하는 마음으로 풍

요를 향해 살게 된다면 더할 나위 없는 것이다.

05

지금부터
주체적인 엄마가
되라

살다 보면 어느 순간 자기만의 개성과 특성을 잃어버린 채 살게 된다. 단지 ○○의 엄마로, ○○의 아내로 사는 것이 어느 순간, 아주 당연하고 자연스럽게 되어버리는 것이다. 나 자신을 뒤로하고 살다 보니 나의 개성이 무엇인지 잊고 살게 되었다. 결혼하기 전에는 엄마도 자신감 넘치는 삶을 살아왔을 것이다. 또 일에 대단한 열정을 가지고 있었다. 그런데 결혼과 동시에, 아이가 생기면서 가정과 육아 때문에 자신을 잃고 사는 경우가 많아진다. 바쁜 삶으로 자기를 희생하게 되는 것이다. 가족을 위해 대신 희생하며 살아가게 된다. 여성으로 사는 것, 엄마로 사는 것이 사회의 당연한 역할로 단정 짓는 것이 현실이 되었다. 그렇기 때문에 이런 사회적인 고정 틀을 벗어나 생각할 필요가 있다. 어쩌면 사회가 그것을 특정 지어준 것이 아니라 여성 스스로가 지닌 통념에 갇힌 것은 아닐까 생각한다. 아내로, 엄마로, 가정과 육아 모두 자기를 희생하며 살아왔다. 하지만 잘하고 싶은 마음에 정작 자기 자신의 존재 가치는 남아 있지 않게 된다. 그래서 의미 없는 삶을 살지 않도록 가치를 추구하고 실천하며 살아야 한다.

나는 21년 전 첫째 딸아이를 낳고 또 초등학교에 입학시킨 그 모든 일들이 엊그제 같다. 그런데 벌써 21살의 어엿한 성인이 되었다. 이렇게 많은 시간이 흘렀지만 정작 나의 인생은 아무런 변화가 없었다. 그저 아이를 키우면서 그때부터 변화가 없는 삶을 살았던 것이다. 그냥 평범한 엄마의 삶에 만족하며 살아왔다. 나 자신만을 생각하지 못하고 세월에 나를 맡기고 산 것이다.

21년의 시간이 지나는 동안 왜 나는 지금처럼 깨닫지 못했을까? 한 살이라도 젊은 나이에 목표를 세우고, 도전하고, 성장하고, 결과를 만들어 내는 사람이 되려고 노력을 하지 못했을까 하는 후회가 밀려온다. 돌아보면 의미 없이 시간을 보내고 살아온 셈이다. 그래서 지금의 젊은 엄마들이 관점과 생각을 바꾸고 자신을 위한 삶을 계획하기를 간절히 바라는 마음이다. 생각을 바꾸기만 해도 시간을 절약할 수 있다. 자기 자신의 가능성을 믿고 무한한 도전과 성장을 위해 도약하는 삶을 살 수 있다는 것이다.

평범하게 엄마의 역할로만 사는 것은 사회적으로도 인재를 잃는 것이다. 여성이 가진 능력을 사장시키는 것이다. 자기 스스로의 가치를 재평가해보아야 한다. 가진 재능을 방치하지 말고 육아를 하면서, 자아를 찾는 과정을 통해 비상할 준비를 해야 하는 것이다.

기회는 준비된 자에게 오는 것이라는 말처럼 항상 준비되어 있지 않으면 기회를 놓쳐버리게 된다. 한 개인의 주체적인 존재로서 자신의 삶을 개척할 준비를 해야 하는 것이다.

주체적이란 뜻은 국어사전에서 어떤 일을 실천하는 데 자유롭고 자주적인 성질이 있는 것이라고 정의한다. 반대의 의미는 습관적, 의존적이라는 개념이다. 주체적인 것은 한마디로 습관적이지 않는 것을 말한다. 바로 스스로의 자각이라는 것이다. 현실을 판단해 자기 입장이나 능력을 스스로 깨닫는 것을 말한다. 모든 결정과 판단은 스스로 하는 것이다. 바로 자신의 관점과 생각을 정확하게 표현하는 것이 주체적인 사람의 특징인 것이다. 자신의 주체성을 분명히 하면 남의 생각과 관점에 휘둘리지 않게 될 것이다.

주체성은 있는 그대로의 나를 받아들이며 사랑해주는 것이다. 주체성은 매사에 적극적으로 행동하는 능동성과는 다른 것이다. 주체적인 사람이란 자신의 삶에 대해 고민하고 타인과 대화하면서 이야기에 귀를 기울이는 것이다.

자신의 정체성 또한 자신의 강점을 찾는 일과 연결이 되어 있다. 예전에는 다른 사람보다 우월하면 유리했는데 지금은 차별성이 중요한 시대가 되었다. 나의 정체성과 차별성은 무엇인지 스스로 알아보는 것이다. 다른 사람과 차별되는 것이 자기만의 개성이 된다. 물론 이러한 특성을 찾는 것뿐 아니라 나를 관찰하고, 정의하고 발견해나가야 하는 것이다.

나를 찾는 과정에서 삶의 목적, 나다움, 주체성을 깨닫게 되는 것이다.

지금은 작위적으로 꾸며낸 모습보다는 자연스러움을 추구하는 시대가 되었다. 내가 가진 장점을 발견해내고 나의 단점을 보완할 방법을 찾으면 된다.

삶의 모든 것이 배움이고 배움에서 시작하면 되는 것이다. 중요한 것은 자신의 정체성을 알아가는 확장된 시간을 갖는 것이다. 주체적인 삶을 살 때 비판적 사고는 필수적이라고 볼 수 있다. 어느 사회나 문제는 늘 존재한다. 비판적 사고가 이런 문제를 만병통치약처럼 해결해주지는 않는다. 하지만 나만 해서 될 일은 아니지만 스스로 비판적 사고를 갖고 생각을 달리해보는 것이다.

"의심이 멈추는 곳에 믿음은 자리를 잡고 집을 짓는다. 비판은 당신을 노예의 길에서 주인의 길로 인도할 것이다. 그리고 자신을 창조할 것이다. 그러기 위해서는 의심할 수 있어야 한다. 자신의 의심이 무뎌지면 비판도 무뎌짐을 알아라. 그 무뎌진 비판으로는 창조할 수 없다. … 무엇이든 의심할 용기를 갖자. 그래야만 비판할 수 있다."
 - 김세연, 『비판적 책 읽기』 중에서

비판적 사고는 자신에게 하는 건강한 비판이다. 살면서 닥치는 문제나 해결점을 찾을 때 무턱대고 결론짓는 것이 아니라 나와 타인에게 좋고 나쁨을 판단하는 것에서부터 시작한다. 그래서 건강한 비판적인 사고는 자신에게 현명한 판단을 내릴 수 있는 기준이 되기도 하는 것이다. 객관적으로 자기 자신을 판단하고 더 훌륭한 결과를 만들기 위한 필요 기준이 되어줄 것이다. 그러면서 좀 더 주체성을 지닌 사람으로 나아갈 수 있게 해준다.

사람의 성장은 결심하기 나름인 것 같다. 즉 마음먹기에 달린 것이다. 왜냐면 내가 이러한 사고로 책을 쓸 줄은 몰랐기 때문이다. 나 또한 주위의 엄마들처럼 아침에 아이들을 학교에 보내면 가까운 엄마들과 아침에 모닝커피를 핑계로 수다를 떠는 시간으로 보냈었다.

남은 시간은 집안일을 하고 소파에 앉아서 TV를 보며 시간을 보냈다. 또 학교에서 온 아이들을 돌보고 음식을 해서 먹이는 엄마들의 똑같은 일상으로 시간을 보냈었다. 자투리 시간이라도 자신이 가진 재능을 계발하고 전문적인 취미를 가져볼 생각조차 못 했던 사람이다. 그랬던 내가 더 이상 후회하지 않는 삶을 위해 결단을 내렸다. 변화를 위해 도전하고 비판적인 사고로 모든 일을 해결하려고 노력했다. 간절함은 집중과 몰입으로 나 자신을 빠르게 성장시켜주었다. 그래서 20년을 돌고 돌아 깨우친 나 같은 엄마도 있으니 빨리 깨닫고 자기 자신의 능력치를 제대로 발휘해보시길 적극 추천한다.

나는 결혼 후 20년이 지나 깨달음을 통해 인생을 수정하고 도전할 수 있었다. 아직 젊은 엄마들이 자신을 깨닫고, 이해하고, 도전하는 마음을 가질 수만 있다면 무한한 엄마의 능력을 보여줄 수 있는 것이다. 어느 분야에서든 자신의 끼를 발산해보길 바란다. 이 세상은 엄마들의 가능성으로 아이들에게 본을 보일 수 있는 꿈 실현의 장이 된다.

엄마가 먼저 엄마의 꿈을 펼치고 실현해나간다면 아이들은 삶의 모습을 목격하게 될 것이다.

인위적으로 우리 아이들에게 가르칠 필요가 없다. 엄마의 삶, 그 자체가 아이들의 현장 학습이 되기 때문이다. 아이들은 부모를 보고 자라지만 가까운 엄마를 통해 꿈을 배우는 것이다. 엄마의 삶의 태도가 아이의 태도를 결정하는 것처럼 우리는 아이들의 거울임을 잊지 말아야 한다. 엄마의 사명이 이렇게 크다는 것을 이해해야 한다. 물론 아빠도 아이들에게 영향력을 끼친다. 하지만 친밀함이 더 큰 엄마와의 관계에서 아이들은 정서적 의지와 안정감을 느끼므로 의식적인 영향력은 엄마가 더 클 것이다.

엄마의 가치관이 주체적으로 변하고 도전하고 실행하는 모습을 보인다면 아이들은 그대로 배울 것이다. 아이들이 이렇게 컸으면 좋겠다는 바람이 있다면 엄마가 먼저 그 모습을 보여주는 것이다. 아이는 엄마의 주체적이고 영향력 있는 모습을 본받아 성장하는 것이다.

이것이 바로 살아 있는 교육이고 엄마가 보여야 할 진정한 가르침의 모습이다.

06

내 아이가
인정하는 엄마
되기

과연 내 아이가 인정하는 엄마가 얼마나 있을까? 아이가 인정하는 엄마란 어떤 엄마일까?

나는 아이를 키울 때 건강하고, 아이들이 원하는 것을 하게 해주면서 키우는 것이 최선이라 생각했다. 되도록 아이들과 소통하며 감정을 읽어주는 엄마가 되려고 노력했다. 그러나 소통이 잘 이루어지지 않는 사춘기 때는 아이와 긴 냉전의 시간을 보내기도 했다. 아이와 소통이 되지 않으면 아이도 답답하지만 엄마가 더 답답하고 불안해진다. 내 아이가 왜

저러는지 이해하려고 먼저 손 내밀지 않으면 아이와의 거리는 더 멀어지게 되는 것이다. 내가 어렸을 적에 친정 엄마와의 관계를 생각해보면 우리 아이를 이해하기 쉬워진다. 나도 똑같이 사춘기 때는 엄마의 말에 짜증을 내기도 했었다.

엄마가 내 눈치를 살피며 조심스럽게 대했던 기억이 난다. 지금 생각해보면 별 일도 아닌데 그렇게 짜증을 냈을까 하는 미안한 마음이 크다. 사춘기 시절, 유난히 힘들게 한 아이들도 받아주고 기다려준 엄마에게는 시간이 지나 미안한 마음을 표현하는 아이들이 주변에 많다. 그러니 조금 힘들더라도 힘든 시기를 잘 지나갈 수 있도록 엄마와 가족들이 이해해주는 것이 가장 필요한 것이다.

어쩌면 아이와의 관계가 타인과의 관계 맺기보다 더 힘든 것 같기도 하다. 남은 잠깐 보고 안 보면 되지만 아이는 집에서 같이 보내는 시간이 많다. 그래서 더 힘이 든다. 감정의 소모도 더 크다. 아이와의 소통을 위해서도 시간과 노력이 필요한 것이다. 어쩌면 내 아이이기 때문에 더 많은 정성을 쏟아야 하는 것 같다. 정서적인 시간을 함께하는 것이 아이의 성격과 성품에 많은 영향을 주는 것이다. 아이와의 정서적인 나눔을 통해 아이는 성장하면서 엄마를 더 많이 이해하게 된다. 그래서 아이와 많은 시간을 나누고 감정을 교류하고 생각을 나누는 것은 아이에게 얼마나 많은 정서적인 안정을 주는지 모른다.

많은 부모들이 완벽한 부모보다는 좋은 부모가 되기를 원한다. 아이와 함께 있으면 즐겁고 행복한 엄마가 되는 것이다. 부모라면 우리 아이가 자존감이 높은 아이로 자라기를 원한다. 자존감이 높은 아이로 키우려면 먼저 엄마의 자존감부터 점검해봐야 할 것이다. 엄마의 자존감과 행복이 아이에게 고스란히 전달되기 때문이다. 자존감이 높은 아이로 성장하는 것은 엄마와 함께한 시간을 통해 서로 공감하는 부분이 많아지게 되는 것이다. 그래서 아이도 자신의 생각과 행동을 통해 엄마를 인정하는 아이로 자라게 되는 것이다. 그만큼 아이와 엄마의 친밀한 소통의 결과인 것이다. 모든 것은 일방적인 것은 없다. 상호작용을 통해 엄마와 아이의 관계가 드러나는 것이다. 이러한 정서적인 나눔은 아빠보다는 엄마의 영향력이 아이에게 더 크게 작용하게 된다. 그래서 엄마의 마음과 태도가 아이에게 그대로 전달되는 것이다. 그래서 엄마의 역할이 더 중요한 이유이기도 한 것이다. 더 나아가 엄마는 사명자이기도 하다. 솔직히 엄마의 사명감 없이는 아이와의 친밀한 소통은 불가능할 수도 있을 것이다. 아빠와 아이의 정서적인 교감은 엄마만큼 잘 되지는 않는다. 정말이지 아이와 이야기도 잘 통하고 넓게 이해해주는 친구같은 아빠가 드문 것은 사실이다. 아빠는 아주 어린 나이에는 잘 놀아주고 이야기도 잘 들어준다. 하지만 사춘기가 되면 아이와의 대화가 힘들고 아이를 이해하지 못하는 일이 다반사이다.

사춘기의 아이를 이해하기 힘들 수도 있다. 하지만 내 아이를 위해서는 엄마도 아빠도 누구보다 넉넉한 마음으로 아이를 이해해주어야 한다. 이런 시기를 잘 지나가게 되면 조금씩 아이들도 잘못을 인정하고 부모와 자연스러운 대화를 시도하게 된다. 그래서 힘든 시기를 잘 지켜봐주어야 하고 잘잘못을 따지는 야단을 치는 것은 오히려 역효과를 만들게 된다.

아이들이 성장하는 시기에 놓치지 말아야 할 것 중 하나가 자존감이다.

자존감이란 자기 존엄성, 또는 자기애라고 부를 수 있다. 자존감은 삶을 사는 데 중요한 요소이다. 그리고 외부로부터 자신을 보호하는 것이기도 하다. 누구도 침해할 수 없는 소중한 개념이기 때문이다. 우리는 각자의 가치관을 가지고 있고 그것을 짓밟아서는 안 된다. 누구도 공격을 하거나 비웃어서도 안 되는 것이다.

자존감이 높은 사람은 자신을 좋아하고, 사랑하기 때문에 다른 사람을 배려하는 마음이 넓고 크다. 남을 평가하고 무시하지 않는다. 자신이 하는 일은 잘한다고 스스로를 인정한다. 자기보다 더 뛰어난 사람이 있으면 더 배우려고 노력하는 것이다. 이러한 자존감을 가진 사람의 특징은 생각이 건강하고 남을 배려하는 마음이 크다는 것이다.

환경과 상관없이 행복하고 자존감이 높은 사람은 그들만의 특징이 있다. 바로 사소한 것에도 감사하는 힘을 가지고 있다는 것이다. 감사를 자주 하면 삶은 풍요롭고 여유가 넘치게 된다. 감사의 힘을 알고 감사를 더욱 실천하는 사람들이 되는 것이다.

자존감이 낮은 사람은 감사할 수 없다. 반면에 자존감이 높은 사람은 역경과 실패를 만나도 다시 일어나는 회복 탄력성이 크다는 것이다. 실패를 탓하거나 그 원인을 남에게 돌리고 힘들어하는 사람들에 비해 실패를 가볍게 여기고 다시 도전하게 된다. 감사의 놀라운 힘은 감사를 통해 자기 자신의 내면을 긍정적인 사람으로 변화시키게 된다. 작은 일에 감사하고, 사소한 일에도 감사하고, 가진 것에도 감사해보자.

"감사와 행복은 한집에 산다."
– 간디

그렇다면 감사하는 마음은 어떻게 생길까?

건강한 몸속에 건강한 마음이 심어진다는 말 그대로 이것은 상호적인 개념이라 할 수 있다. 감사는 감사하는 사람뿐 아니라 감사받는 사람에게도 작용하기 때문이다. 감사하고 경험하는 사람들은 신체적인 질병의 증상도 줄어들고 수면의 질 또한 향상된다는 연구 결과도 있다. 감사가 중독성이 있는 개념이라는 것을 알고 있는가?

친절함과 감사하는 행위는 다량의 도파민을 방출시킨다고 한다. 이것은 신체적 고통을 개선하는 데 도움이 될 수 있다는 것이다. 감사일기를 쓰면서 더 좋은 긍정의 에너지를 받게 되는 이유가 여기에 있다. 어떤 어려움과 문제가 생겨도 감사하는 마음을 넘어서지 못하게 되는 것이다. 감사가 그것들을 잡아먹는 능력이 있다는 것이다. 감사가 그런 문제들을 다 잡아먹어서 어떤 일이든 기쁘고 감사한 일로 변하는 것이다. 문제가 있는데도 감사하는 마음으로 행복에 젖어 사는 것이다. 감사의 위대한 힘이 여기에 있다. 감사가 넘치는 엄마를 통해 우리 아이들도 감사가 넘치는 사람이 될 수 있는 것이다. 감사함으로 주변을 전염시켜보면 어떨까? 좋은 영향력을 발휘해보는 것이다.

자존감이 높은 엄마는 아이들을 절대 다그치지 않는다. 아이의 능력을 인정하고 기다려주는 것이다. 엄마의 생각이 개방적이고 포용의 힘이 있다. 똑같은 삶을 추구하는 사람이 아님을 알 수 있다. 독특한 개성을 존중할 줄 알고 개개인의 특성과 성격을 인정하려는 사람인 것이다. 이러한 자존감은 스스로를 자유롭게 하는 것이다. 자신을 먼저 인정하고 존중하는 사람이기에 모든 삶의 가능성 또한 인정해주는 사람인 것이다.

엄마의 자존감이 아이에게 전해지는 것처럼 엄마가 아이에게 전달하는 영향력은 대단하다.

나는 아이들을 키울 때 많은 부모 교육을 참고하고 배웠다. 아이를 키우는 것이 처음이라 많은 것을 배우려 했다. 우리나라 교육방송 EBS의 교육 다큐멘터리를 주로 보며 공부했었다. 혁신이 없고 정체되어 있는 우리나라 교육 구조에 늘 불만이 많았다. 어느 날, 핀란드 아이들의 행복 지수가 가장 높다는 통계를 본 적이 있었다. 핀란드의 어느 학교 교육은 아이들이 자연에서 뛰어놀고 자유로운 놀이를 통해 배우는 모습이 인상적이었다. 틀에 박힌 모습의 교육이 아니었다. 우리나라 현실과는 아주 거리가 먼 이야기였다. 자유롭고 각자의 개성이 존중되는 그러한 교육이 아주 바람직하다고 공감을 했다. 다행히도 큰아이는 4학년 때부터는 김천이라는 도시에서도 떨어진 작은 시골 학교를 다녔다. 각 학년마다 한

반에 10명이 채 되지 않게 구성된 작은 학교였다. 내가 보기엔 아주 이상적인 학교였고, 선생님들 또한 넉넉한 마음으로 아이들을 사랑으로 가르쳐주셨다. 그때 나는 학교의 도움으로 사서 선생님을 잠깐 하기도 했다. 아이들도 선생님들도 즐겁고 행복한 학교, 주변의 자연환경과 더불어 함께 하는 교육 프로그램이 너무 만족스러웠다. 그렇게 큰아이의 초등학교 때는 자신감도 넘치고 자존감도 높고 감사할 일들이 넘치는 행복한 시절이었다. 아이의 해맑은 미소가 얼굴에 가득했던 시기였다.

높은 자존감과 감사한 일이 많은 엄마와 아이가 행복한 삶을 살아가는 것은 당연하다. 엄마의 깨달음은 생각과 가치관, 삶의 목적, 통찰과 도전 등의 본보기가 될 수 있다. 엄마의 깨달음과 행동을 통해 아이는 배우게 되는 것이다. 그러니 아이에게 꿈을 강요하기보다는 엄마가 먼저 행동함으로 아이에게 비전을 심어주는 것이 가장 이상적이라 할 것이다.

그래서 엄마가 진짜 가슴 뛰는 꿈을 찾아 나설 때, 우리 아이는 그 모습을 보고 배울 것이다. 그 배움을 통하여 아이는 시대를 앞서가는 큰 그릇이 되어 큰 꿈을 이루는 어른으로 성장하게 된다.

07

당당한 엄마가
아이를 강하게
키운다

아이들에게 당당하고 씩씩한 엄마가 되기는 쉽지 않다. 엄마의 당당함은 자신감에서 묻어 나온다. 자신감은 자신의 믿음과 확신을 통해 만들어지는 것이다. 자신감은 나와의 약속을 지키는 것이다. 내가 만든 기준이나 한계를 잊고 도전하는 용기를 가지는 것이다. 한계 설정은 내가 하는 도전과 행동을 방해하는 장애물이 될 뿐이다. 그런데 우리는 무의식의 저편에서 한계 설정을 하고 있다. 할 수 없을 것이라는 한계 설정은 어려서부터 듣고 자란 부모의 주입식 교육으로 만들어진 것이다. 이 한계 설정을 없애는 작업을 해야 한다.

내가 지금 힘들고 어려운 것은 육아와 가정을 핑계로 정작 내 삶을 돌아보지 않은 결과인 것이다. 현명하게 사는 방법을 몰랐던 것이다. 그저 당장의 현실에 대응하며 미래를 준비하지 못하고 살았던 것을 후회한다. 내가 나를 책임지는 인생을 살지 못한 결과인 것이다. 삶을 미래 지향적으로 살지 못하고 규모 있게 살지 못했다.

그때 나는 없었고, 무기력하고, 삶의 의미를 찾을 수 없는 초라한 모습을 하고 있었다. 그 모습을 솔직하게 인정한다. 나 스스로를 인정함으로 자기 자신을 객관화할 수 있게 되는 것이다. 내 모습을 솔직하게 인정할 때 변화가 시작된다.

누구나 자신의 삶을 돌아보는 반성은 필요하다. 무거운 짐을 내려놓고 마음을 비우는 것에서 다시 시작하는 것이다. 비움의 과정이 있어야 새로운 것으로 채울 수 있다. 자신의 실수와 잘못된 관념들이 자신을 바로 세우지 못하는 불필요한 요소가 된다. 그렇기 때문에 자신의 의식과 바라보는 관점을 점검해볼 필요가 있는 것이다. 내가 잘못된 관점을 갖고 있거나 치우친 편견이나 부정적인 의식에 사로잡혀 있다면 자신의 생각과 사고를 개선할 필요가 있다. 부정적인 의식은 결코 도움이 되지 않는다. 부정의 에너지는 가지고 있던 본연의 내 모습까지도 잃게 만들 뿐이다.

생각은 우리가 바꿀 수 있는 일부이기 때문에 부정에서 긍정으로 생각을 옮길 수가 있다.

편견과 왜곡은 우리가 우리의 신념에 맞지 않는 생각들을 버리게 만들기도 한다. 또한 세상을 보는 시야를 넓혀주고 충분히 조율할 수도 있는 것이다.

그러므로 긍정적인 생각은 사고의 폭을 넓혀주게 된다. 긍정의 에너지는 지금 우리의 삶을 변화시킬 수 있는 힘이 있다. 그러므로 긍정적인 영향을 주는 엄마가 되어야 하는 것이다. 긍정적인 엄마는 아이들의 성격과 성향을 더 인정하고 존중해준다. 폭넓게 아이의 모습을 있는 그대로 인정해주게 되는 것이다.

엄마의 인정을 받고 자란 아이들이 자기를 사랑하고 건강한 자아를 만들 수 있게 되는 것이다. 좀 부족함이 있더라도 인정을 받게 되면 아이는 동기 부여가 되어 더 열심히 하게 된다. 하지만 인정받지 못하면 자신감을 잃거나 좌절하기가 쉽다. 아이가 인정받게 되면 책임감이 생기고 성실한 모습을 보이려고 노력하게 된다. 작은 것이라도 잘하는 것은 인정해주고 부족한 부분을 보완할 수 있도록 도와주면 되는 것이다. 이렇게 엄마의 인정을 받고 자란 아이는 마음이 단단하고 생각이 바른 아이로 자라게 된다는 것이다. 아이에게 영향을 주는 것은 부모에게서 시작되는 것이다.

　나는 아이들이 각자의 특성과 개성대로 자라주길 바라며 깊이 개입하지 않으려고 노력했었다. 한 배 속에서 나온 아이들도 각자의 개성과 성격이 천차만별이다. 너무 달라도 이렇게 다를 수 없다. 큰아이는 예민하면서 생각이 깊은 아이로, 작은아이는 털털하면서 자유분방한 아이로 자랐다. 먹는 음식도 전혀 달라서 각자 먹는 음식을 따로 해주는 불편함도 있었다. 아이들을 강요하지 않고 스스로가 선택하는 힘을 길러주고 싶었다. 현명한 결정을 내릴 수 있고 선택한 것에 책임을 지도록 하는 마음 근육이 단단한 아이로 키우고 싶었다.

　그렇지만 내 맘 같지 않았다. 아이를 키울 때도 마찬가지로 많은 시행착오를 겪게 된다. 실망할 수도 있다. 아이가 마음 아픈 경험을 할 때는 지켜보는 것만으로도 부모는 괴롭다. 스스로가 이겨내야 하는 것은 다만 잘 극복하기를 지켜볼 뿐이다. 하지만 아이와 함께 진솔한 이야기를 나누며 생각을 함께 하게 되면 엄마의 생각을 이해해주는 시점이 오게 되어 있다. 함께하는 그 시간을 간과해선 안 될 것이다. 이러한 시간이 쌓여야 엄마를 이해하고 인정을 해주는 아이로 성장하기 때문이다. 이것은 인간관계에서도 마찬가지이다.

아이를 기다리고 바라보는 시간을 투자해야 한다. 아이는 저절로 쉽게 자라지 않는다. 아이를 있는 그대로 인정하고 바른길을 선택할 수 있도록 기다려주는 기다림의 시간이 충분히 필요한 것이다. 쉬운 것은 없다. 아이를 지켜보고 기다려주는 것도 쉽지 않다. 하지만 마음이 건강한 아이로 키우려면 엄마도 마음 근육을 단련하고 아이의 성장을 위해 참고 기다려야 한다.

요즘은 유리 멘탈처럼 쉽게 무너지고 어려움을 극복하는 것을 힘들어하고 좌절하는 아이들도 많다. 엄마를 의존하는 경향이 커서 혼자 독립적으로 무엇을 하기 힘든 경우도 많이 있다. 아이를 위한 엄마의 선택은 무엇이 되어야 할까?

양육하는 부모의 태도와 마음가짐을 통해서 아이의 성장이 결정된다고 해도 과언이 아닐 것이다. 그래서 집안의 분위기나 엄마 아빠와의 친밀감에 따라 아이의 정서도 달라지게 된다. 화를 내거나 냉랭한 부모 밑에서 자란 아이들은 무력감을 느끼게 된다고 한다. 결국은 아이가 당당하게 자신감 있는 모습이 되려면 양육의 전선에 있는 부모의 모습에서 결정되는 것이다. 그래서 부부의 관계가 중요한 것이다. 부부 사이가 원만하지 않고 행복하지 않으면 아이에게 영향을 준다. 부부관계가 회복되지 않으면 엄마도 행복할 수 없다. 행복하지 않은 엄마가 아이에게 행복한 육아를 할 수 없는 것은 당연한 것이다.

잔소리하고 질책하는 것은 아이가 성장하는 데 아무런 도움을 주지 않는다. 아이도 하나의 인격체임을 인정해야 한다. 아이에게 질문으로 다가가보자. 차분한 대화로 문제를 풀어가려는 노력이 부모에게 필요하다. 아이에게 충분히 설명할 기회를 주면 아이는 자신이 존중받고 있다고 느끼고 아이 스스로가 답을 찾아낸다. 옳고 그름을 판단하지 말고 경청해주면 자신의 감정과 생각을 표현하는 데 주저함이 없어지는 것이다. 부모는 기다려주고 경청해주면 되는 것이다. 아이는 부모의 소유물이 아니다.

아이에게 두 가지 질문으로 대화해보자.

WHY?

HOW?

WHY? 와 HOW? 를 통해 아이들과의 소통의 장을 넓혀보는 것이다.

아이도 즐겁고 엄마도 즐겁게 대화하는 방법이 될 수 있는 것이다. 현명한 대화법으로 아이와의 소통이 즐거워지는 것이다. 이런 대화는 아이의 생각을 확장시키고 상대를 존중하는 대화를 배우게 되는 것이다.

생각이 깊어지고 사람을 생각하는 대화를 통해 상상력을 넓히는 사고가 가능해지는 것이다. 스스로 생각하고 답을 찾아가는 독립적인 아이가 될 수 있다. 아이의 생각을 존중해줄 때 자신을 사랑하는 자신감이 넘치는 아이가 될 것이다. 이렇게 자신감을 가진 아이가 세상을 향해 당당하게 살아가는 것이다.

충분히 경청해주었던 엄마의 태도를 보고 아이는 배운다. 이런 배움을 통해 아이도 엄마를 인정하게 된다. 자신감이 넘치고 당당한 엄마를 통해 우리 아이도 자신감 넘치게 세상을 당당하게 살아갈 수 있는 것이다. 아이의 자신감은 엄마를 통해 배우게 되는 것이다.

2장

꿈이 있는
엄마는 포기하지
않는다

01

인생의
골든 타임,
놓치지 마라

나는 오십이 다 되어서야 진정한 나 자신과 마주할 수 있었다. 나의 적
나라한 모습을 볼 수 있었던 시기였다. 쉼 없던 바쁜 육아가 끝나고, 아
이들이 어느 정도 자라면 나만의 특별한 인생을 살 수 있으리라 생각했
다. 하지만 20년이라는 긴 시간은 육아와 살림을 하던 그때의 모습과 똑
같이 변하지 않은 상태로 머물러 있었다. 다른 생각은 할 수 없게 길들여
진 내 모습이 나를 힘들게 했다. 길들여지고 자신감이 없는 무기력하고
무능력한 사람이 되어 있었다. 자신감과 자존감도 바닥이 났고 나를 일
으킬 수 있는 힘이 전혀 없었다.

의존적인 성향이 강해져 내가 해야 할 독립적인 생각은 할 수 없게 된 것이다. 용기가 나질 않았다. 뭐부터 시작해야 할지 아무것도 몰랐다. 살아온 세월이 허무하기까지 했다.

이렇게 나 자신이 나약하고 부족한 존재임을 자각하게 된 것이다. 절망의 감정에 휩싸여 서럽게 울기도 했다. 어디서부터 어떻게 해야 할지 전혀 알 수 없었다. 이런 나 자신이 한심하고 어리석은 삶을 살았다는 후회가 밀려오기 시작한 것이다. 가장 가까운 남편도 나에겐 아무 도움이 되지 않았다. 나를 이해해주지 못했다. 오로지 나 자신이 나를 챙기지 않으면 헤어나올 수 없다는 결론을 얻게 되었다. 감사하게도 아이들은 잘 자라주었다. 하지만 내가 나를 바라볼 때 남은 인생에 대한 두려움이 생긴 것이다. 더 잘 살고 싶고 더 의미 있는 인생을 만들어가고 싶은 간절함 때문이다.

비로소 남은 초라한 내 모습과 무능력을 깨닫게 되는 순간이었다. 현실을 제대로 보게 된 순간이었다.

인생에도 골든 타임이 있다. 이 골든 타임을 놓쳐서는 안 된다. 나 자신을 회복하고 무너진 마음을 추스르기 위해 안간힘을 썼다. 새롭게 방향을 정하고 다시 시작하기 위한 마음을 갖게 되었다. 흘려보낸 만큼 시간을 아끼고 인생의 정한 방향을 향해 다시 시작해보는 것이다. 지금까지 살아온 방향의 반대로 살아보고자 노력하고 싶었다. 이제 내가 사는 인생은 후회를 남기지 않는 삶을 만들어가고 싶다. 나를 잃지 않고 꿈을 향해 멋지게 살아보는 것이다. 내 인생은 그 누구를 위한 것이 아니다. 오로지 나의 인생이고 내가 만들어가는 것이다. 내가 이 세상의 주인공이다. 내가 움직이지 않으면 절대 아무 일도 일어나지 않는다.

한번은 길을 지나가다 멋진 차인 페라리가 서더니 한 여성이 차에서 내렸다. 젊은 여성이었다. 부모를 잘 만나서일까? 돈을 많이 버는 전문직 여성일까? 생각하면서 너무 부러웠다. '나는 지금 초라한 중년 아줌마가 된 처지인데 저 여자는 무슨 운이 좋아서 저런 호강을 누리며 살까?' 생각했다. 내 안의 새로운 욕망이 꿈틀거리기 시작했다.

지금 가진 것에 만족하고 없어도 감사해야 한다는 생각으로 살았었다. 그런데 돈이 없으면 내가 더 벌면 되지, 더 벌 궁리를 하면 되지 하는 생각은 하지 않았던 것이다. 부자의 마인드는 없고 빈자의 마인드만 가득했다. 사는 대로만 생각하고 생각하는 대로 살지 못한 인생이었다. 생각의 틀에 갇혀 세상 밖으로 당당하게 살지 못했던 나를 반성하게 되었다. 많은 책을 읽으면서 나를 바라보는 관점이 달라지기 시작했다. 나 자신을 객관적으로 평가하게 되면서 내 생각과 방향이 잘못되었다는 것을 깨닫기 시작한 것이다.

잘못된 내 안의 모든 생각을 비우기 시작했다. 쓸데없는 감정들과 보상받으려는 심리, 그냥 만족하며 살아야 한다는 수동적인 생각의 틀을 깨려고 노력했다. 나를 돌보지 않은 시간들에 건강도 방치해두었다. 그래서 변화의 시작으로 건강을 먼저 챙기는 것이 우선이라 생각했다. 그래서 건강을 위해 수영을 시작하게 되었다. 운동은 체력과 삶의 활력을 주는 근원이 되는 것이다. 건강을 잃으면 아무것도 소용없기 때문에 우선 건강을 챙기기 시작했다.

생각의 결핍을 채우기 위해 시작한 것은 '독서'였다. 독서로 나를 채우기 시작했다. 삶의 방향을 바꾸기 위한 유일한 것이 독서였다. 지푸라기라도 잡는 심정으로 책을 읽었다.

성공을 위해 자기계발서를 집중적으로 읽었다. 매일 동기 부여로 시작해서 책 한 권에 담긴 저자의 노하우를 배우고자 열정을 다해 책을 읽었다. 그러다 심리학, 인문학으로 확장되면서 많은 성공자들의 이야기가 담긴 책을 읽기 시작했다. 독서는 나 자신을 똑바로 볼 수 있게 해주었다. 내가 사는 삶이 잘못되었다는 것을 인정하게 하고 돌아서게 했다. 나의 자존감도 올라가고 긍정의 마인드가 생기고 세상을 바라보는 시각이 조금씩 달라지기 시작했다.

예전의 나는 객관적으로 나 자신을 바라보지 못했다. 관점을 달리해서 생각해보려는 시도조차 없었다. 그래서 내가 하는 생각이 옳다고 생각하고 행동했다. 나만의 생각에 빠져 합리화하는 좁은 시야를 가진 사람이었다. 세상을 살아가는 데 다양한 관점으로 바라보는 것이 얼마나 중요하고 필요한 것인지 뒤늦게 깨달은 것이다. 많은 관점을 통해 세상을 바라보게 되면서 그 가능성 또한 무궁무진하다는 것을 깨달았다.

이러한 관점의 추가는 나를 더 성장시키고, 나의 가능성에 대한 믿음이 커지고 자신감을 갖게 해주었다. 아주 평범하고 무기력했던 내가 자존감이 높아지고 자신감까지 회복되었다. 생각을 바꾸면 다양한 관점으로 자신을 바라볼 수 있게 되는 것이다. 결단하고 행동하면 한층 성장한 나를 만나게 된다.

긍정적인 생각과 감사가 넘치게 되니 이제는 순간순간의 삶에 즐거운 일이 많아지게 되었다. 생각과 관점만 바꾸어도 다른 삶을 살게 되는 것이다. 삶의 기쁨과 만족을 알게 되고 독립적인 사고를 하게 되었다. 깨달음이란 20대가 되었든 60대가 되었든 깨닫고 변화하는 것이 중요한 것이다.

인생은 타이밍이 중요하다. 하지만 완벽한 타이밍이란 없다. 지금이 바로 그 타이밍인 것을 깨닫는 것이 중요한 것이다. 좀 더 시간을 절약해서 남은 시간을 확보하는 것이 중요한 것이다. 깨달음은 내가 가진 가능성의 시간을 확보하는 것이다. 나이가 들면서 더욱 느끼는 것은 시간의 중요성이다. 부자들과 성공자들이 사랑하는 것이 시간과 속도라고 한다. 그들은 돈을 지불하고서라도 시간을 산다는 것이다. 그리고 성공한 사람들은 빠른 실행력으로 실천하는 사람들이다. 실패를 하더라도 두려워하지 않고 그 실패에서 다시 배우는 것이다.

그들은 삶을 얼마나 열정적으로 열심히 사는지 모른다. 우리도 그들처럼 시간을 아끼고 거침없이 속도를 내게 된다면 성공에 도달할 수 있을 것이라 확신한다. 성공한 사람들, 그들도 했다면 나도 할 수 있다는 생각을 하게 되었다.

더 열심히 살고 더 의미 있게 살아보는 것이다. 시간과 속도를 중요시 여기며 해보는 것이다.

지금이 바로 그 타이밍이다. 주어진 변화의 시간을 감당하고 함께 나를 성장시키는 것은 기쁨이 된다. 무엇이든 배우는 마음으로 가능성을 열고 포기하지 않는 용기를 가지고 시도하는 것이다. 내 인생의 마지막이 될 수 있는 골든 타임을 놓치지 말고 기회를 잡는 것이다. 이 기회를 통해 다른 인생을 살아보기 위한 시도를 하는 것이다. 사람은 삶에서 기회가 여러 번 주어진다고 한다. 주어진 기회를 잡기 위해서는 준비된 자가 되어 있어야 하는 것이다.

기회는 스스로가 만들어가는 것이므로 주어진 시간에 내가 할 수 있는 가능성을 모두 찾아야 하는 것이다. 성공을 만들어가는 것 역시 나 자신이므로 나의 성장과 도전에 집중하는 모습으로 남은 시간을 꾸준함으로 성공을 향해 나아가는 것이다.

인생에서 오는 골든 타임을 놓쳐서는 안 된다. 골든 타임은 내가 선택하는 것이다. 생각하고 선택하고 뛰어드는 것이 골든 타임이다. 생각의 주체가 나인 것을 깨닫고 살아간다면 주어지는 기회를 만들고 그 행운을 거머쥘 수 있을 것이다.

주체적인 내 삶의 주인공으로 삶의 골든 타임을 놓쳐서는 안 된다. 인생의 끝점을 생각하고 절실하게 살아야 하는 것이다. 더 이상의 후회도 남겨서는 안 된다. 깨달음으로 행동하는 모습으로 성공하는 삶이 남아있을 뿐이다.

02

가슴으로
느끼는 것, 그것을
찾아라

"어떤 일이든 정말 어려워요. 그 분야에서 성공하기 위해선 특정 시간 동안 그 일을 계속해야 해요. 그렇기에 자신이 하는 일을 좋아하지 않으면, 그 일을 할 때 재미가 없으면 결국 포기하고 말겠죠. 대부분의 경우, 성공한 사람들은 자신이 하는 일을 좋아해요. 그렇기 때문에 정말 힘든 순간이 왔을 때 버틸 수 있는 거예요. 그러나 자신의 일을 좋아하지 않는 사람은 거기서 포기해요. 자신이 하는 일을 좋아하지 않으면, 언젠가는 실패합니다. 그렇기에 자신이 열정적이고 좋아하는 일을 하세요."

– 스티브 잡스의 인터뷰 중에서

인생의 정답을 찾지 못한 나도 여태껏 삶의 뚜렷한 목적의식이 없었다. 그래서 삶이 지루하고 무엇을 향해 사는지 의미 없이 살아온 것이다. 하루하루 사는 것이 똑같은 생활의 연속이다. 내가 원하는 것을 하고 내가 좋아하는 일을 하며 살려고 생각하지 못했다.

내가 느끼고 원하는 것이 목적이 되는 삶이 아니었다. 그래서 매일의 삶이 지긋지긋하고 벗어나고자 하는 마음이 컸었다.

사람들이 원하는 것을 이루지 못하는 가장 큰 이유는 자기 자신이 무엇을 원하는지 모르기 때문이라고 한다. 어쩌면 자신에게 정말 좋은 것을 얻을 수도 있을 것이다. 그렇다면 왜 시도조차 하지 않는 것일까? 원하는 것이 있다면 즉시 행동으로 옮겨보는 것이 가장 빠른 정답인 것이다. 진작 내가 원하는 일이 무언지 진지하게 찾는 과정이 있었고 고민을 했었다면 불필요한 인생의 낭비는 줄였을 텐데 말이다. 지금 늦었다면 진짜 늦은 것이다. 하지만 지금의 기회조차도 놓쳐버린다면 기회는 다시 잡을 수 없게 된다. 자신이 원하는 것을 찾고 그것을 목표로 삼으면 얻을 수 있게 된다. 진정으로 원하는 삶이 있다면 당신은 가능한 모든 방법을 통해 노력해야 한다. 자신의 삶을 여러 방향으로 계획하고 원하는 삶이 일어날 확률을 높이는 것이다. 당연히 노력 없이는 원하는 것을 가질 수 없다.

내가 이 악물고 제대로 살아보겠다는 다짐이 필요한 것이다. 객관적으로 나를 바라보고 계획한다면 정확히 무엇을 목표로 삼을 것인가? 내가 매일 나를 속이고 내 인생을 망가트리는 행동이 무엇인지 깨닫고 수정하는 것이다.

그렇다면 내가 원하는 것, 진정으로 원하는 것을 찾아야 한다.

진정으로 원하는 것은 내가 그 일을 할 때 가슴이 뛰고, 설레고, 계속하고 싶은 마음이 생기는 일인 것이다. 마음이 시키는 일을 찾고 그 일을 실행하는 것이 가장 현명한 것이다. 머리로 생각하는 삶이 아니라 느낌을 따라가보는 것이다. 느낌대로 살아보는 것이다. 이렇게 찾는 과정 속에서 내가 좋아하는 일을 찾을 수 있게 된다.

많은 부자들과 성공자들은 워라밸을 원하지 않는다고 한다. 왜냐하면 그들은 자신이 원하고 즐거워하는 일을 놀이로 생각하기 때문이다. 일이 즐겁기 때문에 계속 생산과 공급을 아낌없이 하는 사람들이다.

워라밸은 그 일을 계속하기 싫을 때 생각하는 변명인 것이다. 그 일이 하기 싫기 때문에 일과 삶을 분리시키려 하는 것이다. 그러나 진정으로 원하는 일을 한다면 그 일이 즐겁기 때문에 쉼 없이 하게 되는 것이다. 계속 생산하고 아웃풋 하게 되는 것이다. 우리는 계속 인풋만 강조하다

아이는 엄마를 통해 꿈을 배운다

가 시간만 흘려보내게 되는 것이다.

　나는 늦은 나이에 선택의 길에서 망설임 없이 가던 길을 뒤돌아 새로운 도전을 시작하게 되었다. 7년을 시어머니와 함께 가게를 운영했었다. 아침부터 밤까지 식당일을 하는 것은 보통 일이 아니었다. 그리고 평일에는 개인적으로 쉴 수도 없다. 그래서 독립을 하고 새로운 도전인 사업을 시작하는 엄청난 용기를 낸 것이다. 기다려주지 않는 시간 앞에서 삶을 낭비하고 싶지 않았다. 나를 사랑하고 나의 존재 가치를 알게 되었을 때, 자신을 방치하는 것은 죄라고 생각했었다. 그래서 이제는 더 이상 물러설 수 없다고 생각하고 결심하게 된 것이다.

　인생이 힘들다고 느껴지고 만족이 되지 않을 때는 자기 자신과 어울리지 않는 일을 하고 있기 때문일 수 있다. 대다수의 사람이 선택한 그 길을 따라가보면 내가 원하던 꿈을 선택하지 않고 단순하고 보편적인 것을 선택하게 된다. 이런 실수로 인해 시간을 허비하는 것이기도 하다. 좀 더 신중하게 자신이 원하는 것과 좋아하는 것을 찾아가야 하는 이유이기도 한 것이다. 계속해서 막연했던 꿈들을 떠올려보는 작업을 해보는 것이 좋다. 나의 가슴이 뛰게 하는 일을 계속 찾는 작업을 해야 되는 것이다. 이것이 바로 나를 찾아가는 일이다. 대부분의 사람들이 자신을 알아가는 일을 소홀히 하는 것 같다. 그리고 자기 자신을 너무 잘 안다고 착각하는 것이다.

사업의 '사' 자도 모르던 내가 사업을 시작하게 되었다.

나이가 들어도 계속할 수 있고, 많은 사람들을 만날 수 있는 일을 하고 싶었다. 나이가 들면서 생각도 많이 바뀌었다. 예전에는 많은 사람을 만나는 것을 좋아하지 않았다. 나이가 들면서 만남의 소중함도 알게 되고 인맥의 중요성도 알게 되었다. 내가 하는 일은 건강에 도움을 주는 메신저의 역할을 하고 싶었다. 이 일을 통해 기쁨과 보람을 찾고 싶었다. 나는 '알즈너'라는 발교정구를 맞춤 판매를 하는 일을 한다. 알즈너는 독일의 정형외과의사이다. 발건강이 전신의 건강의 기초임을 알리는 명의였다. 남편이 고관절 괴사로 인해 인공관절을 넣는 수술을 하게 되었다. 고관절이 괴사가 되어 밤마다 통증으로 힘들어했다. 반신욕을 하지 않으면 잠을 잘 수 없는 고통 속에 지냈다. 그러던 중 알즈너라는 발 교정구를 신고 걷기만 했는데 통증에서 자유로울 수 있었던 것이다. 그 이후로 통증에서 해방되고 더 건강해졌다. 시어머니의 하지부정맥도 낫게 되고 두 딸아이의 평발도 교정이 되어 우리 가족 모두의 건강을 되찾을 수 있게 된 것이다.

그래서 이 사업을 해야겠다는 생각을 하게 되고 남은 삶에 천직으로 삼고자 시작하게 된 것이다. 사업을 해나가는 과정에서 여러 시행착오를 겪게 되었다. 하지만 후회는 없다.

내가 선택한 이 일이 가슴을 뛰게 하는 일이라고 생각했기 때문이다. 지금도 고객을 만나면 설렌다. 고객과 이야기를 주고받다 보면 신뢰가 생기고 친구가 되기 때문이다.

길을 가다 걸음걸이가 이상한 사람들을 보면 그들에게 알즈너 교정구를 소개한다. 발의 건강이 무엇보다 소중한 것을 알기에 부끄러움 없이 기꺼이 소개하게 되는 것이다. 고객을 만나는 것이 즐겁고 기대된다. 만남의 인연이 소중하기에 누구보다 내가 즐겁고 기쁜 경험을 하게 되었다. 사람을 만나는 것을 두려워했던 나였다. 하지만 세월이 지나니 여러 사람을 만나는 것을 좋아하게 되었다.

내가 가진 재능과 경험치에서 분명히 내가 잘하는 것을 찾는 연습이 중요하다. 내가 어떤 일을 할 때 재미있고 즐거운지 그 일을 찾아보는 것이다. 잘하고 좋아하는 일은 우리가 찾는 일생일대의 천생연분 같은 일이 아닌 것도 많다는 것이다. 내가 관심이 가거나 궁금해하는 일도 내가 배움과 시간을 들이면 좋아하는 일이 될 수도 있는 것이다. 사소한 경험이나 지나쳐온 일상에서도 놓치고 있는 부분들을 생각해보는 것도 괜찮다.

어른들과 소통을 잘하는 사람도 있을 것이고 아이들의 눈높이에서 아이들의 필요를 잘 아는 사람도 있을 것이다. 우리 모두는 각자의 달란트가 분명히 있다. 그것을 제대로 찾으려는 시도를 안 해본 것이다. 자신에 대한 생각과 분석을 해보는 것이 많은 도움이 된다. 나의 장점과 잘할 수 있는 것들을 찾아보는 시간을 가진다면 잘하고 좋아하는 일을 쉽게 찾을 수 있을 것이다.

가슴 뛰는 일이 무엇인지 파악하려면 일련의 과정들이 필요하고 시간과 배움의 투자도 필요하다. 내가 좋아하는 취미 생활도 좋고, 하고 싶었던 분야의 배움을 충분히 경험해보는 것이 도움이 된다. 이것저것 하고 싶었던 경험들도 많이 해보는 것이다. 부의 결과가 교육이라는 말처럼 투자한 만큼 많은 것을 배울 수 있다. 요즘은 다방면의 배움의 길이 많고 쉽게 접근할 수 있는 사이트들이 많다.

이런 경험들이 차곡차곡 쌓여 내 삶의 많은 이야깃거리와 꿈꾸는 일을 결정할 때 도움이 될 것이다. 내가 의미 있는 존재로 그 역할을 다하고 있을 때 나의 가슴은 뛰게 되는 것이다. 설레고 원하는 일들을 찾게 되고 아이디어가 번뜩이게 될 것이다. 내가 잘할 수 있는 것을 찾고, 그것을 더 잘하기 위한 노력을 해나간다면 그 결과는 당연히 좋을 수밖에 없다. 그래서 삶은 나의 놀이터가 되고, 하는 일은 재미난 놀이가 되는 것이다.

이렇게 가슴 뛰게 하고 설레게 하는 일은 누구에게나 존재한다. 그것

을 찾는 것은 온전히 자신의 몫인 것이다.

03

꿈꾸는
부자 엄마가
되어라

주변을 둘러보면 누구나 힘들어하는 상황을 겪고 있다. 코로나를 겪으면서, 또 전쟁과 주가 폭락으로 물가는 치솟고 기름값의 폭등으로 하루하루가 어려움을 토로하는 현실이다. 경제적으로 사회적으로 힘든 지금, 엄마들이 나설 때이다. 엄마의 경력단절과 숨어 있는 재능들을 깨워 경제적 재화 창출에 힘을 써야 한다. 이제껏 자신을 드러내지 않고 살았다면 당당하게 나를 드러내는 엄마가 되는 것이다. 엄마의 적극적인 행동방식은 아이를 더 강하고 단단하게 성장할 수 있게 한다. 건강한 사고방식과 부자의 관점으로 바꾸지 않으면 결코 부자 엄마가 될 수 없다. 꿈꾸는 부자 엄마가 이 시대의 선봉에 나설 차례인 것이다.

내가 후회하는 것은 생각의 틀을 좁게 가두고 살아온 것이다. 여러 가지 시도를 하면서 살지 못한 것이 후회스럽다. 7년을 시어머니와 가게를 하면서 여기가 감옥이라는 생각을 한 적이 있다. 너무 힘들었기 때문에 생각을 달리하며 살지 못했다. 좋은 학교를 나와 좋은 직장을 가고 좋은 사람과 결혼하는 것이 제일의 목표라고 규정지어진 사회에 세뇌당하며 살아온 것이다. 우리 교육의 모순점이기도 한 고정 관념에서 벗어난 사고를 할 줄 모른 채 살고 있었다. 다양한 관점은 고정된 관념의 틀에서 나를 해방시켜준 셈이다.

나이 오십에 이렇게 생각을 바꿀 수 있게 된 것이다. 옛말에 사람이 변하면 죽을 때가 되었다는 말이 있듯이 사람은 변하기 어렵다. 그러나 나에게 결핍이 없었더라면 다른 삶을 살기로 선택하기 힘들었을 것이다. 결핍을 통해서 진정한 내 모습을 깨닫고 돌아설 수 있었던 것을 고백한다.

간절함은 어떻게든 길을 찾게 해주었다. 그리고 새로운 선택을 통해 또 다른 세상을 경험하게 되었다. 편협한 생각과 도전적으로 행동하며 살지 못한 내 인생의 어리석음을 깨닫게 된 것이다. 생각을 바꾸면 넓은 세상을 만나게 되어 있다. 열린 마음으로 세상을 바라볼 때 기회도 주어지는 것이다.

　다양한 관점은 가능성의 기회와 역발상의 기회를 제공하기도 한다. 지금은 코로나를 겪는 중에 급격한 변화와 소용돌이의 시대를 맞이하게 되었다. 똑같은 생각과 똑같은 사고로는 급변하는 시대와 상황을 대처할 수 없을 것이다. 이러한 시대에 우리는 차별화된 생각을 가지고 아이들을 가르쳐야 하는 것이다. 엄마가 살던 그 세대가 아닌 것을 가슴 깊이 인정해야 하는 것이다. 역동적이고 변화무쌍한 시대를 우리 아이들이 살고 있는 것이다. 불과 얼마 전의 것이 낡은 것이 되어 버려지기도 하는 것이다. 이렇게 많은 변화가 불과 3년 사이에 일어난 것이다. 이러한 변화를 파악하고 얼마나 준비하고 대처하고 있는가? 아이들이 어떠한 삶을 살았으면 하는가?

　우리 아이들이 가야 할 삶의 목적과 방향을 위해 엄마는 어떠한 준비가 되었는가 생각해보아야 한다. 자기 길을 찾지 못하고 헤매는 아이로 키우지 않으려면 어떻게 해야 할 것인가? 엄마의 확대된 시야와 확장된 마음으로 아이의 본보기가 되어 보여주어야 할 것이다. 엄마의 능력과 재능을 보여주어야 할 때이다. 엄마가 먼저 변화하고 실천하지 않으면 아이의 성장도 한계에 부딪힐 것이고 멈추게 될 것이다.

아이의 미래를 걱정하지 않는 엄마는 없을 것이다. 그렇다면 아이가 건강하고 바르게 자신의 꿈을 향해 나아갈 수 있도록 엄마가 모범을 보여야 할 것이다. 아이는 엄마를 통해서 꿈을 배우기 때문이다. 아이에게 이것저것 충고할 것 없다. 엄마의 행동과 모습이면 충분하다. 엄마가 빠른 실행력으로 자신의 꿈을 보여준다면 아이도 꿈을 위해 빠르게 성장할 것이다. 이것이 이 시대에 필요한 엄마의 지혜이자 현명함이 되는 것이다. 시대의 흐름을 읽을 줄 아는 엄마가 아이를 현명하게 키울 수 있다.

한때 나도 엄마는 아이의 매니저라는 생각을 했다. 엄마의 주도권으로 아이를 잘 키울 수 있다는 어처구니없는 생각을 했던 것이다. 아이의 인생 로드맵을 만들고 세상의 기준으로 아이가 성장하길 원했던 것이다. 이것은 정말 잘못된 생각이었음을 인정한다.

엄마가 짜놓은 계획과 스케줄에 맞춰 아이를 키우는 모습은 아이를 존중하는 것이 아니다. 아이의 인격과 입장을 전혀 고려하지 않은 독단적인 행위인 것이다. 아이의 인생은 엄마의 것이 아니다. 아이를 소유물로 생각하는 것은 위험한 생각이다. 이런 위험한 생각에서 벗어나야 한다. 아이를 그 자체의 한 인격으로 먼저 인정해주는 엄마가 되어야 한다. 존중받아 마땅한 소중한 인격체인 것이다. 아이를 존중하고 배려하는 엄마가 아이의 미래를 지켜줄 수 있다. 아이의 모든 문제는 부모로부터 비롯되는 것이다. 이것은 인정하기 어려운 부분도 있을 테지만 인정해야 한다. 그래서 한 인격체를 양육하는 것은 책임을 다하는 것이고, 사명을 감당하는 것과 같다고 할 수 있다.

아이의 인생을 생각한다면 엄마의 인생부터 제대로 생각해보아야 한다. 엄마인 내가 바로 서지 못하고 바른 생각을 가지지 못한다면 아이 또한 엄마와 같은 가치관을 가질 수밖에 없다. 건강한 사고를 하는 엄마의 양육과 배려 속에 아이도 바르게 자랄 수 있다. 올바른 가치관과 도덕적 사고를 엄마가 먼저 실천하지 않으면 아이는 아무것도 배울 수 없는 것이다. 가정 밖에서 아이의 내면 성장을 위한 교육은 전혀 찾아볼 수 없다. 생각이 자라게 하는 교육이 전혀 없다는 것이 안타깝다. 아이의 의식 성장을 위해 엄마가 배우고 가르쳐주어야 한다. 그래서 부모의 철학이 중요하고 더욱이 엄마의 역할이 더욱 중요한 것이다.

아이의 생각의 크기도 자라야 하고 따뜻한 마음을 가지고 아이의 내면이 잘 자라고 있는지 살펴봐야 한다. 내면이 강한 아이는 어떤 어려움과 절망도 감사로 이겨낼 수 있기 때문이다. 마음근육이 단단한 아이로 자랄 수 있도록 도와주어야 하는 것이다.

그렇기에 엄마들이 망설이지 말고 용감하게 엄마 자신의 꿈을 향해 도전해야 하는 것이다. 가슴이 뛰는 일을 찾고 꿈을 위한 도전을 과감하게 해볼 수 있어야 한다. 찾아보면 할 것도 많고 할 수 있는 것이 주변에 많이 있다.

그동안 잊고 있던 내 안의 나를 발견하고 재능과 끼를 찾아 자신이 좋아하고 잘할 수 있는 일을 찾아 먼저 해보는 것이다. 이러한 과정은 똑같이 내 아이도 거쳐야 할 것이다. 엄마는 아이의 꿈 선생님이 된다. 아이의 꿈 선생님으로 엄마가 먼저 행동으로 보여주게 되는 것이다. 본질의 목적을 찾고, 행동으로 이루어가는 것이 꿈을 이루는 것이다. 꿈을 찾고 그것을 이루려는 노력의 과정이 꼭 필요하다. 꿈을 이루는 부자로, 성공자로서의 삶을 사는 것이다. 꿈꾸는 부자 엄마가 되어 꿈의 실현과 경제적인 부를 모두 누리는 삶을 사는 것이다.

엄마들이 원하고 바라는 것이다. 이제는 생각만 하지 말고 직접 도전해보자.

당장 가능한 일을 찾고 실천해보는 것이다. 엄마가 꿈꾸었던 소망을 이루어가는 모습을 아이와 나누는 것이다. 꿈의 대화를 나누면서 아이와 함께 성장하는 것이다.

　엄마는 꿈을 되찾고, 진정한 엄마의 삶도 찾으면서 우리 아이의 마음에 꿈을 심어주는 것이다. 엄마는 아이의 꿈 선생님, 꿈 멘토가 되어야 하는 것이다.

　아이들을 야단칠 필요도 없고 잔소리할 시간마저도 없을 것이다. 엄마가 꿈을 위해 노력하게 되면 아이도 엄마를 이해해주게 된다. 꿈을 꾸는 엄마는 마음 부자이고 부자 엄마인 것이다.

04

독서하는 엄마,
책으로 인생을
바꾼다

나는 마흔 중반이 되어서부터 생존 독서를 하게 되었다. 변화하기 위한 살벌한 독서였다. 나이 오십이 다 되어도 그대로인 헛헛한 삶에서 벗어나고 싶었다. 그런데 방법은 없고 책을 읽으면 답을 찾을 수 있을까 싶어 선택하게 되었다.

인생을 바꾸고 싶었다. 이대로 사는 삶은 아니라는 생각이 계속 맴돌았다. 남은 인생을 나를 위한 시간과 행복을 찾는 삶을 살기 원했다. 나의 내면의 질문을 해결하고 싶었다. 간절한 마음이 어느 때보다도 가득했다. 답답하게 살아온 내 인생의 잘못된 부분을 해결하고 새롭게 변화된 삶을 살고 싶었던 것이다. 나처럼 답답한 인생을 해결하고 싶다면 생존 독서를 해보길 권한다. 변화를 꿈꾸는 사람이라면 새로운 시작점과 방향을 찾을 수 있도록 도움을 주는 것이다. 이것이 바로 '독서'의 힘이다. 책을 읽으면 정말 인생이 달라지냐고? 맞다. 그렇다. 그리고 그것은 전적으로 당신의 행동에 달려 있는 것이다. 책을 읽고 자신의 가치 기준을 정립하면서 그것을 실제적인 삶에 적용함으로 나의 살아가는 모습과 자세한 방법들을 알게 되는 것이다. 독서도 읽고 실행을 하는 것에 답이 있다. 실행이 없는 독서는 무의미한 것이다. 인풋만 하는 것은 아무 의미 없는 행동이다.

몇 년 전까지 시어머니와 함께 음식점을 운영했었다. 시어머니와 함께 일하는 것이 너무 힘들었다. 성격도 맞지 않고 어머니께 맞춰서 일한다는 것이 내겐 벅찼다. 식당은 하루 종일 매여 있어 다른 취미 생활도 할 수 없었다. 어머니는 모든 것이 당신 손을 거쳐야 직성이 풀리는 분이셨다. 그래서 어느 날 번뜩 생각이 들었다. 이렇게 사는 것은 내 인생을 허무하게 낭비하는 것이라는 생각을 하게 되었던 것이다. 그래서 독립을 하기 위한 준비로 뭐라도 해야 할 것 같아 책을 읽게 된 것이다. 내가 할 수 있는 것이 이것밖에는 없었다. 처음 시작으로 읽게 된 책은 『부의 추월차선』이었다. 이 책에서 말하는 서행 차선에 내가 머물러 있었고 추월

차선인 부의 차선으로 올라가고 싶다는 욕망으로 가득 차게 되었다. 서행 차선으로 가는 사람은 결코 부자가 될 수 없는 사람이라는 것을 그때 제대로 알게 된 것이다. 사람은 배워야 한다. 시대의 흐름을 알고 있어야 하고 변하는 시대에 발맞춰 살아야 하는 것이다.

내가 얼마나 우물 안 개구리였는지 깨닫게 되었다. 모르면 배우면 되고 돈을 주고서라도 배움에 투자를 해야 하는 것이다. 성장하는 자신에게 투자를 해야 한다. 독서를 통해 나에게 많은 변화가 일어났고 생각의 변화가 시작되었다.

독서는 자기계발의 시작점이다. 변화와 성장을 원한다면 선택할 수 있는 아주 쉽고 기본적인 도구가 되어준다. 책을 효율적으로 읽을 수 있는 '핵심 독서법'으로 많은 책을 읽게 되었다. 정독의 단점은 시간이 오래 걸리고 지루하게 되면 책을 덮어버리고 읽는 것을 멈추게 된다. 많은 책을 단시간에 읽을 수 없다. 그래서 정독하는 것보다 핵심 독서법으로 많은 책을 단시간에 효율적으로 읽을 수 있는 것이다. 읽고 싶은 책을 여러 권 준비하고 읽고 싶은 목차를 찾아 거기서부터 먼저 읽어나가는 것이다. 이것을 발췌독이라고도 한다. 여러 권을 한꺼번에 원하는 부분을 찾아가면서 읽을 수 있는 장점이 있다. 지루한 독서법이 아니라서 여러 권을 단

시간에 읽을 수가 있다. 전문적인 내용을 핵심만 파고 싶을 때 활용하면 좋은 방법이 될 것 같다. 필사 독서법은 책을 읽다가 기억하고 싶고 중요한 내용은 여백에 정리해보거나 필사해보는 방법이다. 독서 노트에 쓰면 다시 찾아보게 되지 않는다. 다음에 책을 펼쳤을 때 써놓은 글만 읽어도 중요 내용을 정리할 수 있게 되는 것이다.

내가 일 년에 백 권 이상의 책을 읽으면서 느낀 것은 계속되는 지식 쌓기만이 답이 아니라는 사실이다. 쌓인 지식을 밖으로 표현하는 것도 아주 중요하다는 것을 알았다.

많은 유명 유튜버나 성공자, 부자들은 대부분 책을 내고 더 유명해진다. 부자는 더 부자가 되고 유명 유튜버는 더 유명해진다. 블로그에 글을 쓰거나 유튜브에 좋은 정보나 내용을 동영상으로 올리는 것이다. 책을 읽은 인풋을 글을 쓰거나 동영상을 만드는 것으로 아웃풋을 적절히 해야 하는 것이다. 소비만 하는 소비자로 남아서는 안 되는 시대가 되었다. 이제는 오프라인에서 온라인으로 사람들이 옮겨가고 있는 시대이다. 새로운 플랫폼을 적극 활용하는 생산자의 입장이 되어야 그곳에 돈의 흐름을 읽을 수 있는 것이다. 더 나아가 생산자와 공급자의 입장에서 자신을 퍼스널 브랜딩 할 수 있게 되는 것이다.

한 사람이 플랫폼을 이용해 사람들에게 영향력을 끼치고 기하급수적인 돈을 벌어가는 것이 가능해졌다. 이것을 주목해야 할 필요가 있는 것이다. 컴퓨터와 스마트폰만 있으면 온라인에서 모든 것이 가능한 세상이 되었다.

독서가 인풋이라면 아웃풋은 글쓰기라고 할 수 있다. 자신의 블로그를 개설하고 나의 이야기를 글로 써보는 작업을 하게 되면 내 생각과 일상을 정리할 수 있게 된다. 내가 특별히 경험한 것도 좋은 글의 소재가 되는 것이다. 글을 쓴다는 것은 자기 생각을 정리하는 작업이다. 인풋한 것을 아웃풋하는 과정으로 생각이 정리되면서 말빨도 생기고 내면이 성장하는 것을 느끼게 된다. 성공한 사람들이 하나같이 말하는 것이 책 읽기와 글쓰기를 강조하고 있다. 내 안을 채우는 인풋은 독서나 다양한 경험으로, 내 생각을 밖으로 드러내는 아웃풋은 글쓰기, 책 쓰기로 완벽하게 나를 브랜딩 할 수 있는 것이다. 이것은 내가 살아온 삶을 나 스스로가 글로써 드러내고 나의 스토리를 역사로 만드는 위대한 과정이기도 한 것이다. 나의 지나온 삶의 과정과 발자취를 남기는 일인 것이다.

나도 '행복한 엄마 작가 김효정'의 블로그를 운영하고 있다. 처음에는 블로그를 개설하기는 했으나 무엇을 써야 할지 부담이 되어 방치해두기만 했었다. 하지만 지금은 천 명이 넘는 이웃수로 블로그를 통해 같은 관심사를 가진 사람들이 소통을 한다.

블로그를 통해 자기 자신을 꾸준히 드러내다 보면 블로그가 나를 대신해 일해주는 경우도 생기게 된다. 글쓰기의 양이 쌓이다 보면 자신도 많은 성장을 하게 된다. 일상이나 경험한 일들이 글이 되어 하나의 책으로 완성이 되기도 하는 것이다.

나는 〈한책협〉의 김태광 대표를 만나 책을 쓰게 되었다. 그는 대한민국 최초 출판 가이드 시스템 특허출원을 했고, 12년간 책 쓰기 코치로 1,355권을 기획, 집필한 분이시다. 책 쓰기의 달인이고, 이 분야의 구루이다. 책 쓰기의 전문가를 만나 내가 4주 만에 출판 계약을 하게 된 것이다. 이것은 나에게 주어진 또 다른 기회인 것임에 지면을 통해 감사의 말씀을 전하고 싶다.

아웃풋을 통한 생산자의 삶을 살다 보면 자기계발의 끝판왕이 무엇인지 깨닫게 된다. 자기계발의 끝판왕은 바로 '책 쓰기'이다. 많은 인풋과 아웃풋을 통한 자기 드러내기를 하다보면 마지막의 끝점은 '책 쓰기'로 결론지어지는 것이다. 자신 있게 말할 수 있다. '책 읽기는 자기계발의 시작점이 되고, 책 쓰기는 자기계발의 끝판왕'인 것이다. 책 읽기는 나의 결풋을 채우는 인풋이 되었고, 책 쓰기는 정리된 생각을 밖으로 생산하는 아웃풋의 역할을 하는 것이다. 나를 드러내는 일이 바로 아웃풋인 것이다.

나를 채우기만 하는 인풋으로 끝나서는 안 된다. 똑똑한 소비자가 되어 아웃풋을 계속하는 생산자로 남아야 하는 것이다. 지금은 누구나 자신의 생각과 경험과 노하우를 나눌 수 있는 온라인의 플랫폼을 적극 활용해야 하는 이유인 것이다. 아웃풋을 통한 결과물이 계속 쌓이면서 영향력을 드러낼 수 있게 되는 것이다. 그러면서 나의 생각과 경험, 노하우를 공유하는 이웃들이 생기게 되고 조금씩 영향력의 범위를 넓혀가는 것이다. 책을 쓴 작가라면 또 다른 영향력이 있는 사람이 되어 자신의 몸값을 올리는 사람이 되었다고 할 수 있다. 이렇게 몸값을 올린 위치에서 시작할 수 있다. 성공한 사람들은 천천히 돈을 버는 방법을 택하지 않는다. 속도감 있게 많은 돈을 버는 구조를 만드는 것이 그들의 특징이다. 꿈을 정하고 부자 엄마로 가는데 이제는 성공자의 시간과 속도를 사야 할 때인 것이다. 가능성이 많은 곳에 나를 노출시키고 그곳에서의 배움을 두려워 해서는 안된다. 시대의 흐름을 잘 읽는 엄마가 되어야 성공의 시간도 단축할 수 있다. 이제는 천천히 가는 것이 아니라 아주 빨리 그 속도에 집중을 하고 계획하고 즉각 실행해보는 것이다. 성공하지 못하는 사람들의 특징은 이것저것 생각만 하고 만다.

내 꿈을 정하는 것은 평소 내가 많이 생각하고 하고 싶은 일을 글로 써보면 해답을 빨리 찾을 수 있게 된다. 글을 쓰는 것은 한마디로 인생이 일목요연하게 정리되어 삶이 심플해지는 장점이 있다. 그리고 어디에 집중해야 할 것인지 잘 알게 된다.

삶은 결국 스스로가 만들어가는 것이고 선택과 노력에서 얻어지는 것이다. 그래서 내 삶의 결론은 내가 만드는 것이다. 독서를 통한 나의 인생은 이렇게 큰 변화를 해나가는 과정이다. 나도 내가 어떻게 성장할지 완전히 기대가 된다.

05

인생은
세일즈다,
나를 팔아라

모든 사업도 결국에는 세일즈이다. 나의 사업도 세일즈가 답이었다. 소극적인 내가 세일즈를 하리라고 생각하지 못했다. 고객을 기다리기만 하는 나의 사업 방식에는 한계가 있다는 것을 깨닫게 되었다. 가게에 앉아서 고객을 기다기만 했으니 말이다. 아무리 마케팅, 홍보, 전단지 등 노력을 해도 오프라인에서의 경영은 만족스러운 결과를 얻지 못했다. 직접 발로 뛰고 다른 영업장에 카탈로그도 돌리고 열심히 했다. 하지만 성과가 그리 좋지 못했다. 결국에는 돈을 벌기 위한 사업이고 많이 파는 것이 핵심인데 말이다. 유형의 상품과 무형의 상품 모두 잘 파는 것이 세일즈인 것이다.

상품이 없는 직장인들은 결국 자신의 시간을 파는 것이다. 이런 차이가 있을 뿐이지 우리는 모두 무언가를 팔고 있다. 말 그대로 세일즈를 하는 것이다. 그런데 핵심은 가지고 있는 것이 시장에서의 가치가 얼마나 되나 하는 것이다. 상품을 파는 것이지만 그것의 가치를 파는 셈이기 때문이다. 따져 보면 상품에 담긴 고객이 원하는 가치, 고객이 만족하는 그 가치를 파는 것이다. 그러한 가치를 찾고, 고객이 원하는 것이 무엇인지를 파악하는 것이 무엇보다도 중요하다. 그러므로 고객과의 커뮤니케이션을 잘하고 고객의 관점에서 바라보는 것이 중요한 것임을 알게 되었다.

결국 인생도 세일즈다! 무엇을 팔 수 있을까 연구를 해야 하는 것이다. 세일즈를 하지 않는 사람도 무엇을 팔 수 있을지 생각할 수 있어야 돈이 보이는 것이다. 사람들이 해결하고 싶은 문제를 찾고 그 문제의 해결책을 제시하게 되면 돈을 벌 수 있게 되는 것이다. 수동적으로 남의 밑에서 돈을 버는 방법을 찾지 말고 직접 돈을 버는 방법을 찾는 것에 집중해보는 것이다. 방법은 찾으면 얻게 되는 것이다. 아직 젊다면 많은 것을 시도해보고 시행착오를 결심하고 덤비면 큰돈을 벌 수도 있게 되는 것이다. 눈에 보이는 것이 아니라도 무형의 지식과 정보, 이야기도 수요가 있으면 돈이 된다. 언제, 어디서, 누구에게 가치가 있는지를 판단하고 실제로 돈이 되는지 판매를 해봐야 하는 것이다. 그리고 반복하는 것이 중요하다. 반복하면서 성과를 조금씩 얻어야 한다. 그래야 끈기 있게 포기하지 않고 하게 되는 것이다.

돈이 부족해서 항상 아껴서 살아야 하고, 먹고 싶은 것도 참아야 하고, 아이들에게 해주고 싶은 것도 마음껏 못 해줄 때가 가장 속상하고 마음이 아프다. 왜 돈은 이렇게 부족한 것일까 생각했다. 왜 아껴서만 살아야 하는지 의문이 생기고 해결하고 싶었다. 그래서 돈을 많이 벌기 위한 구체적인 방법을 찾아 돈 버는 것을 목표로 삼게 되었다. 이런 돈의 결핍이 돈 벌 궁리를 하는 사람으로 변화시켜주었고 경제관념이 전혀 없던 나를 돈 공부하는 엄마로 만들어주었다.

자본주의 사회에서 살아남는 인생철학이 있다면, '인생은 세일즈다.'라는 것이다. 행복의 기준은 돈이 아니다. 하지만 불행의 원인이 되는 경우가 아주 많기도 한 것을 잘 안다. 때로는 돈이 인생의 전부처럼 느껴질 때도 있다. 물론 요즘은 먹고사는 문제로 힘든 사람은 없지만 더 많은 돈을 원하고 갈망하는 것이다. 그것이 자본주의 사회에서 사회적 안전과 삶의 질, 인생의 여유로움을 결정짓는 요소가 돈이 되기 때문이다. 자본주의 사회를 이해한다면 돈의 필요는 절대적이라 할 수 있을 것이다.

인간의 욕망은 탐욕적이고 이기적이며 경쟁 속에서 승리자로 군림하기 위해 항상 돈을 추구한다는 것을 받아들여야 한다. 하지만 인간의 욕망이 나쁜 것만은 아니다. 욕망을 폄하해서도 안 되는 것이다. 돈은 경제 사회에서 상품의 교환이나 유통을 원활하게 하기 위한 수단이지만 모두는 더 많은 돈을 원하고 갈망한다. 그것은 아주 당연한 욕망인 것이다.

어떤 엄마들은 아직까지도 사회적인 보수 집단과 동일한 생각을 하고 있다는 것을 알게 되었다. 아이들의 좋은 학교, 좋은 직장, 수많은 스펙 쌓기가 전부라고 생각하는 부모가 있다. 이러한 생각을 하는 엄마라면 사회의 전반적인 흐름과 시대적인 정서를 제대로 읽지 못한 엄마라고 생각한다. 4차 산업혁명 시대에 변수인 '코로나'가 갑자기 우리를 덮쳤다. 많은 혼란과 대처할 수 없는 상황을 겪기도 했었다. 10년 후쯤을 예상했던 모든 것들이 '코로나'라는 갑작스러운 변수 앞에 앞당겨오게 된 것이다. '코로나'가 처음 발생했을 때 혼란스럽고 우왕좌왕하는 모습이었다. 앞으로 이러한 변수의 발생은 더욱더 많아질 것이 분명하기 때문이다.

없어지는 직업도 많을 것이고 모든 것이 빠르게 변화하고 있는 것이다. 이런 상황에 엄마들은 우리 미래의 아이들을 어떻게 교육하고, 지도할 것인지 생각해야 할 것이다. 변동성이 큰 지금의 시대를 잘 파악해야 할 것이고 앞으로의 미래를 예측할 수 있는 엄마가 되어야 하는 것이다. 다가오는 미래의 모습을 예측하는 엄마가 되어야 한다. 거꾸로 생각할 줄도 알아야 한다. 성공한 사람들을 살펴보면 이들은 남들 다가는 길을 가지 않는다. 모두 앞을 향할 때 뒤에서 출발하는 역발상의 기회도 놓치지 않은 사람들이다. 이러한 혜안을 엄마들도 가지고 있어야 할 것이다. 엄마들도 많은 배움을 통해 열린 마음으로 공부해야 하는 이유이다. 알아야 뭐든 행동으로 옮길 수 있을 테니까 말이다.

인생 자체가 세일즈라는 것을 내가 사업을 하면서 더욱 깨닫게 되었다. 인생의 큰 그림을 그릴 때 나의 소중함과 나의 가치가 우선이 되는 것은 당연하다. 또 사람은 관계를 잘 형성해야 삶이 즐겁고 행복하다. 그래서 나의 가치를 높이고 사람의 심리를 알고 고객과의 관계를 만들어가는 것이 중요한 것이다.

사업에서 고객을 상대하면서 인생의 참된 의미를 배웠다 할 수 있을 것이다. 그래서 사업을 먼저 실행하기를 잘했다고 생각하게 되었다. 사업을 두려워만 하고 망설이기만 했다면 단기간에 이런 많은 깨달음과 발전을 기대할 수 없었을 것이다. 사업을 통한 과정을 거치면서 많은 것을 배우게 된 것이다. 도전하고 실패를 두려워하지 않는 것이 빠른 시간 안에 원하는 결과를 만들고 성취하는 지름길이 될 수 있다. 무엇보다 사람과의 관계가 중요하기 때문에 사람의 심리를 파악하고 있는 것이 많은 도움이 된다. 이론과 실제는 무척 다르다. 영업하는 사람으로 보이면 대부분 들어보지도 않고 거절부터 하게 된다. 나도 마찬가지였다. 영업이라 하면 대부분의 사람들이 고정된 생각을 갖고 있는 것이다. 영업은 부정적이고, 상대방에게 아쉬운 부탁을 해야 하고, 을의 입장이 되어야 한다고 생각하는 것이다. 그래서 안정적인 공무원은 선호하는 직업의 대상이지만 영업을 하는 직업은 무시하는 경향이 있는 것은 부인할 수 없다. 특히 우리나라에서는 더욱 심한 편견이 있는 직업군이 영업인이기도 하다.

하지만 이러한 생각도 관점을 바꾸면 모든 직업이 다 세일즈인 것을 알 수 있다. 공무원도 자기가 가진 재능을 팔아서 그 자리에 앉아 있는 것이다. 이렇게 따지면 모든 직업이 세일즈가 아닌 것이 없다. 요즘은 나를 드러내지 않고서는 상품을 팔거나 서비스를 팔 수 없는 것이 현실이다. 무형의 서비스나 콘텐츠도 또 온라인 상세페이지를 통해 어필하지 않으면 소비자가 물건을 사지 않는 것과 같다고 할 수 있다. 한편으로는 영업을 잘하는 사람들의 소수는 고소득의 수입을 올리기도 한다. 많은 돈을 벌려면 영업의 고소득 기술을 익히면 가능한 것이다.

고객을 기다리기만 해서는 돈을 벌 수 없다. 고객의 니즈를 파악하고 찾아가는 적극적인 판매를 해야 하는 것이다. 하지만 일방적으로 찾아가는 방법은 쉽지 않다. 신뢰 관계가 없는 상태에서는 퇴짜 맞기 십상이기 때문이다. 그래서 신뢰 구축을 어떻게 해야 하는지에 대한 방법을 고민해야 한다. 세일즈는 나를 잘 알리고 믿음을 주는 사람이 되어 고객에게 도움을 주고자 노력을 해야 한다.

세일즈에 대한 생각을 바꾸고 관점을 다르게 본다면 가능성이 그 안에 있다. 여러 관점으로 생각해보는 것이 가장 중요하다고 할 수 있다. 다양한 관점으로 보게 되면 여러 가능성도 발견하게 된다. 변동성이 큰 시대를 준비하는 엄마가 가져야 할 바람직한 자세이기도 한 것이다. 엄마는 변화에 대처하는 태도와 새로운 것을 배울 자세가 준비되어야 한다. 그래야 아이도 변동성이 큰 시대에 대체 불가능한 사람으로 미래를 제대로 준비할 수 있게 되는 것이다.

아이가 가진 가능성의 미래를 열어주는 것은 바로 가장 가까운 엄마의 생각과 영향력이 되는 것이다. 엄마의 깨달음과 지식을 아이에게 전달하는 것은 아이에게도 가치 있는 일이 된다. 엄마도 배움을 게을리해서는 안 되는 이유가 여기에 있다. 배움을 통한 변화로 미래를 준비하는 엄마가 미래에 필요한 인재로 아이를 키울 수 있게 되는 것이다. 미래에 필요한 인재로 잘 적응하는 아이로 키우기 위해 엄마가 먼저 준비되어야 하는 것이다.

06

우리
엄마는
유튜버

요즘은 공영방송보다 유튜브가 대세이다. 나이가 드신 어르신들도 유튜브를 시청하고 제작하기도 하는 것을 볼 수 있다. 어떻게 영상 콘텐츠가 대세가 되었을까? 사진은 한순간의 모습만 표현할 수 있고 영상에는 이야기를 넣을 수 있기 때문이다. 하나의 완성된 이야기를 짧은 시간에 담을 수 있다. 글로 표현하기 긴 내용도 편집이나 촬영을 통해 전달할 수가 있기 때문이다. 영상은 사람들에게 영향을 끼치는 효과가 크다는 장점이 있다. 그리고 진입장벽이 낮기에 조금만 관심을 가진다면 퍼스널 브랜딩의 수단으로 아주 좋은 도구가 되는 것이다. 나를 알리는 수단으로 유튜브만 한 것이 없다. 지금은 동영상 마케팅을 함으로 나를 알리는 시대이다. 유튜브를 소비자로서 소비만 할 것이 아니라 공급자와 생산자의 역할로 똑똑한 소비를 할 필요가 있는 것이다. 무엇을 사더라도 사는 것에서 끝내지 말고, 생산해보려는 생산자의 생각을 해야 하는 것이다. 거기에 돈 버는 길이 있기 때문이다. 유튜브의 시작은 가치 있는 일을 할 수 있고 그것은 돈으로 연결될 수 있기 때문이다. 유튜브로 나라는 사람을 알리고 내가 가진 정보와 경험을 사람들과 소통하며 나눌 수 있다. 엄마의 경력은 끊어져도 가진 재능을 펼칠 수 있는 플랫폼이 될 수 있는 것이다.

지금은 모든 것이 인터넷으로, 스마트폰으로 움직이는 세상이 되었다. 온라인 세상에서는 할 수 있는 것들이 무궁무진해진 것이다. 지금은 메신저의 시대라 해도 과언이 아닐 정도로 인기 있는 유튜버들이 많다. 메신저란 간단히 말해 다른 사람들에게 조언과 지식을 제공하고 대가를 받는 사람을 말한다. 어떻게 하면 삶을 개선시키고 사업을 성장시킬 수 있을지에 대해 강연이나 블로그의 글, 웹사이트 게시글 등으로 조언을 제공하는 사람들이 바로 메신저인 것이다. '무슨 내가 메신저가 될 수 있어?'라며 자신을 우습게 평가하지 마라. 당신이 생각하는 사소한 것 하나도 아이디어가 될 수 있다. 그 생각의 표현을 통해 누군가에게 도움을 줄 수 있기 때문이다. 세상이 필요로 하는 것이 무엇인지 수요를 찾아 그 문제를 해결해주는 것에서 출발하는 것이다.

문제를 해결하고 돈을 벌 수 있는 세상이다. 지금 세상에 보이는 것들 하나하나가 아이디어가 되고 생각에서 비롯되었다. 이것은 이미 누군가의 생각에서 시작된 것이다. 머릿속 아이디어가 세상 밖에서 빛을 발하도록 만드는 일, 그것이 크리에이터가 하는 일이라고 정의할 수 있을 것이다.

유튜브는 영상을 올리자마자 콘텐츠 소비자에서 생산자로 신분이 바뀌게 된다. 유튜브도 창작물이다. 바로 콘텐츠 크리에이터가 되는 것이다. 유튜버는 한마디로 PD이기도 하다. PD이면서 작가, 배우, 카메라 감독, 아나운서의 역할을 모두 하게 되는 것이다. 이것은 흥미로운 일이다. 다양한 역할을 하면서 배우게 되는 것도 많다. 유튜브를 하게 되면 많은 것을 알게 되고 온라인 플랫폼을 이해하게 되는 것이다. 온라인 플랫폼을 이해한 콘텐츠 크리에이터들은 유튜브가 망한다 하더라도 또 다른 콘텐츠 제작 능력이 있기에 어디서든지 경쟁력을 가질 수 있게 된다. 또한 대중의 심리를 잘 알게 되는 장점이 있다. 시청자들의 선택을 받느냐 못받느냐에 따라 대중의 니즈를 파악할 수 있게 되는 것이다. 어떤 일을 하든지 대중의 니즈를 알아야 사업이든 콘텐츠 제작이든 할 수 있다. 대중을 가장 이해하기 쉬운 것이 이 유튜브라고 생각된다. 그리고 나의 팬이 생기게 되는 것이다.

내가 만든 콘텐츠가 누군가에게 도움이 되고 긍정적인 영향력을 끼친다면 보람도 느끼게 될 것이다. 영상을 하나 만드는 것이 쉬운 일은 아니다. 영상을 찍고 편집을 하고 또 예쁘게 보이기 위한 노력을 하게 된다.

이렇게 꾸준히 콘텐츠를 올리게 되면 1년 후에는 전문가가 될 수 있을 것이다. 전문가가 된다면 또 다른 수입을 만드는 기회가 생길 수 있을 것이다. 그리고 내가 제작한 영상을 기록으로 남길 수 있게 되는 것이다.

그 영상이 꼭 누군가를 위한 영상이 아니더라도 나를 위한 영상이 될 수도 있다. 자신의 이야기가 담긴 영상이나 정보를 주는 영상 내용이거나 일상, 리뷰 등 내가 제작한 영상이므로 특별한 추억이 될 수도 있다. 새로운 플랫폼이나 정보를 익히고 능수능란하게 사용하는 것은 나의 능력치를 하나 올리는 셈이 된다.

유튜브를 한다는 것 그 자체로 시대의 흐름에 적응을 한 것이고 아이들에게는 멋진 엄마의 모습을 보여주게 된다. 유튜브에 영상을 올리는 것은 마음만 먹으면 생각보다 훨씬 쉬운 작업이 될 수 있다. 두려워하지 말고 바로 시작해보는 것이다. 엄마의 다양한 가능성을 얼른 시험해보길 바란다.

나도 역시 유튜브를 시작했을 때는 많이 망설이기도 했다. 얼굴을 드러내야 하는 것이 싫었기 때문이다. 처음에는 내 영상을 누가 보겠나 싶어 그냥 도전해보았다. 그래서 무조건 3분짜리 영상을 찍고 올리는 연습을 했다. 편집 없이 실수하면 또 찍고를 반복했다.

간단하게 스크립트를 작성하고 되도록 자연스럽게 읽어보는 것이다. 내 이야기가 어떤 사람들에게 전달되었으면 좋을지 타깃을 분명히 정하는 것이 좋다. 대상을 정하고 거기에 맞는 영상의 내용을 방향성 있게 계속 올리는 것이다. 자신만의 콘텐츠를 계획하고 꾸준히 올리면 구독자들이 원하는 이야기를 알게 되고 그것을 해결해주는 콘텐츠를 만들기만 하면 된다. 이렇게 하면 구독자들과 소통의 장이 될 수 있는 것이다.

어렵다고 생각하면 한없이 어려운 일이 되지만 쉽게 생각하고 접근하면 그 속에 답이 있는 것을 알 수 있다. 무슨 일이든 두려워하지 말고 덤벼들고 보는 것이다. 일단 하고 보는 것이다. 시작했다면 어느 정도의 결과가 나올 때까지 계속하는 것이다. 무엇이든지 일정량을 해야지 성과를 볼 수 있는 것이다. 그것이 임계점을 확인하는 과정이다.

육아, 요리, 일상, 교육, 정보 등등 자기의 관심 분야를 짧은 영상을 통해서 새로운 플랫폼을 배우게 된다. 스스로가 이 시대가 필요로 하는 능력을 배우게 된다. 물론 사업을 하거나 장사를 하는 분들도 당연히 동영상 마케팅은 필수라고 봐야 한다. 화려한 기술도 필요 없다. 일단 해보는 것이 성장을 빠르게 앞당기게 되는 것이다. 새로운 플랫폼을 하나 익히는 것은 큰 의미가 있다.

처음 동영상을 찍고 올린 날이 생각난다. 얼굴을 드러내는 것도 불편하고 말도 잘하지 못했다. 그냥 짧은 영상에 내가 하고 싶은 말을 스크립트로 작성해보면서 영상을 찍고 올렸다. 아무도 구독을 해주는 사람이 없어 친구들의 단톡방에 올려 반강제로 구독을 시키기도 했었다. 우리는 나를 드러내는 것에 익숙하지 않고 불편해한다. 특히 영상으로 나를 드러내는 것이 익숙하지 않아도 연습을 해보는 것이다. 내 얼굴을 알리는 것이 가장 신뢰를 주는 방법이라고 한다. 항상 인풋만을 하고 산 우리는 이제는 아웃풋으로 나를 드러내고, 표현하고 알리는 것으로 퍼스널 브랜딩을 해보는 것이다. 남들이 다하는 것도 쉽게 생각하고 실험해보는 것이다. 퍼스널 브랜딩은 나만의 분야에서 차별화된 가치를 알리고 인정받는 것이다.

100세 시대를 준비하는 생존 방법으로 유튜브를 시작해보는 사람들이 많아지고 있다. 나이 드신 어르신들도 유튜브를 하는 세상이다. 나이와 상관없이 할 수 있는 진입 장벽이 낮은 플랫폼이지만 경쟁은 치열할 것이다. 하지만 경쟁하기에 앞서 진실한 나의 이야기와 정보를 전달하려는 진정성으로 다가간다면 성공할 수 있다. 가능성을 가지고 시작해보는 것이다.

자신의 고유한 취미 생활로 재미있게 꾸준히 나를 드러내고 알리는 일은 스스로에게도 만족과 보람이 될 것이다.

엄마가 유튜브를 한다면 아이도 유튜브를 재미있는 플랫폼으로 여길 것이다. 아이도 직접 경험해보면서 생산자의 삶을 배우게 되는 것이다. 창조적인 아이로 발전하는 계기를 만들어주게 되는 것이다.

엄마와 아이가 함께 나누고 배우면서 멋있는 콘텐츠 크리에이터로 메신저의 삶을 살 수 있게 되는 것이다. 유튜브로 아이와 소통하며 새로운 플랫폼을 알게 되면 또 다른 영향력을 끼치는 유튜버가 탄생할 수도 있는 것이다. 백만장자 메신저의 길로 가는 첫걸음이 될 수 있다.

성공하는
엄마는 자기 믿음에서
시작한다

"결핍, 가진 게 아무것도 없고 믿을 사람은 오직 자기 자신뿐인 사람들이 주인공이야. 인간은 안정적이고 풍요로운 상황이 되면 자빠져서 누워 버리게 돼 있어. 가진 것 없고 비빌 언덕도 없고 믿을 건 자기 자신뿐이라고 생각하면 그때부터 자신을 컨트롤 하게 돼. 자신을 자산 삼아 세상과 거래하기 시작하는 거라고. 내가 커지면 세계를 흔들 수 있는 거야."

 ─김미경의 『언니의 독설』 중에서

모든 것의 시작은 자기 자신이다. 세상에서 가장 소중한 존재는 바로 나 자신이기 때문이다. 불과 3년 동안 나에게 정말 많은 변화가 있었다. 이렇게 변화할 수 있었던 것은 돌이켜 생각해보면 바로 결핍 때문이었다. 내 삶의 결핍이었다. 물론 내가 경제적으로 풍요롭게 살았다면 이야기는 달라졌을 수도 있을 것이다. 3년 전, 나 자신은 혼돈의 상태, 그 자체였었다. 그때는 남편도 별 도움이 되지 않았다. 남편과 나는 정반대의 성향을 가지고 있었기 때문에 나를 위로해주리라는 기대를 할 수 없었다. 내 속의 이야기를 털어놓을 사람이 아무도 없었다. 전혀 나의 상황을 알아줄 사람조차 없는 그때가 틀에 갇힌 내 생각이 깨어지는 순간이었다. 나는 혼자다, 나를 생각해주는 사람은 나뿐이다. 그러므로 독립적인 하나의 존재로 살아야 한다는 결심을 하게 되었다.

오롯이 내 삶을 뒤돌아보게 된 것은 현실의 답답함과 나의 무능력함을 깨달았기 때문이다.

현실은 나아지지 않고, 아이들이 점점 크면서, 나 자신은 초라해지는 위기감으로 삶을 돌아보게 된 것이다. 뭐 하나 이룬 것 없는 무능력한 사람임을 알게 되니 스스로를 부정하는 마음이 가득했다. 그래서 나를 찾기 위한 노력의 시간을 보내게 된 것이다. 현실은 노력한다고 해서 드라마틱하게 변하지는 않는다. 깨달음이 있다고 손바닥 뒤집듯이 변하지 않는 것이다. 시간은 느리게만 가는 것 같았다. 그래서 빠른 행동이 답이라는 나름의 결론을 갖게 된 것이기도 하다. 이러한 결핍의 마음이 나를 갈급하게 했고 직접 행동하게 만든 것이다. 행동하지 않으면 아무 일도 일어나지 않는다는 것을 절실히 깨달았다. 변화를 원하거나 진심으로 성공하고 싶다면 당장 실행하는 것이 답이다. 실패를 두려워할 시간조차도 아까웠기 때문이다. 어떠한 노력도 없이 성공을 말하는 것은 쓸데없는 욕심을 내는 것에 불과하다고 말하고 싶다.

사람은 누구나 성공하는 인생을 살고 싶어 한다. 성공을 간절히 원한다. 하지만 세상에는 지극히 소수의 사람들만 성공할 뿐이다. 성공은 자기 믿음의 확신에서 나오는 것이다. 자신을 믿는 마음에서 시작되는 것이다. 자기 자신을 믿는 믿음의 확신이 없다면, 성공할 수도 행복할 수도 없다는 것을 알아야 한다. 자신을 믿지 못하는 사람은 아무도 신뢰하지 않고 누구의 신뢰도 얻지 못하기 때문이다.

나는 지금 성공으로 가는 여정에 있다. 하나하나의 과정을 통해 성장해나가는 중이다. 성공을 이루기 위해서는 먼저 시작하는 용기가 필요했다. 이 용기도 나 자신의 믿음과 확신에서 나오는 것이었다. 오로지 나를 믿는 믿음 없이는 한 발짝도 나아갈 수 없게 된다는 것을 알 수 있었다. 흔들리는 상황 속에서도 나를 지탱해주는 힘, 잠시 숨을 고르며 버티어

내는 용기가 바로 스스로를 믿어주는 것에서 생겨난 것이다.

성공이란 목적하는 바를 이루어가는 것이고, 반드시 노력이 따른다는 것을 잘 알고 있다. 꿈에 대해서 말하는 사람은 많지만 정작 꿈을 이루는 사람은 소수에 불과하다. 꿈을 크게 갖는 것은 맞지만 궁극적인 성공은 노력하고, 배우고, 인내하는 과정이 따르게 된다는 것을 명심해야 한다. 과정을 충실하고 꾸준히 실행하는 것을 잊지 말고 해나가는 것이다. 합당한 노력과 열정이 결국 성공으로 가는 연료가 되어줄 것을 믿기 때문이다.

그리고 인생은 길지 않다는 것을 잘 인지하고 있어야 한다. 인생이 짧다는 것을 잘 알고 있다면, 시간을 함부로 흘려보내지 않을 것이다. 시간의 가치를 깨닫는다면, 시간을 사서라도 해야 할 명확한 일을 진행시킬 수 있다.

그러기에 잃을 것도 없고, 가슴이 시키는 대로, 느낌대로 따르지 않을 이유가 전혀 없는 것이다. 내 꿈을 펼치며, 원하는 것을 하며 살아갈 시간도 모자라기 때문이다.

인생에서 가장 소중한 것은 시간을 아끼는 것이다. 삶이 던지는 문제의 답을 찾고 내게 주어진 책임을 다하면서 내 삶에 제대로 반응하며 살아가는 것이다. 그것이야말로 진짜 인생이라고 생각한다. 삶의 소중함을 깨닫고 시간을 아끼며 현명한 선택과 결정을 하는 인생이 되어야 한다.

정신과 의사이자 세계적으로 추앙받는 영적 지도자인 데이비드 호킨스는 『성공은 당신 것』에서 이렇게 말하고 있다. 진정한 성공의 원천은 '노력'이 아니라 '부력'이라고 한다. 여기서 부력은 많은 재산으로 인하여 생기는 힘이 아니라 중력에 반하여 위로 뜨려는 힘을 말한다. 다시 말해, 노력이 '인위적'으로 행동하는 것이라면, 부력은 '자연적'으로 떠오르는 것이라고 한다. 호킨스는 "진정한 성공은 물에 뜬 코르크 마개가 되는 것"이라며 "코르크는 광분하는 노력이 아니라 자체 부력으로 뜬다"고 말하고 있다.

여기서 말하는 부력의 힘을 키우는 방법은 내면의 힘을 키우는 일과 일맥상통한다고 볼 수 있다. 내면의 힘, 자신의 삶을 바라보는 시각을 바로 세우면 성공을 위해 노력하지 않아도 된다고 한다. 자연스럽게 주변 사람들이 인정하게 된다는 것이다. 달리 말하면 그것은 '본성'을 가다듬는 일인 것이다. 호킨스는 "그저 친절하고 우호적이기만 하면 성공하려고 분투할 때보다 세상의 돈을 더 많이 벌 수 있다"며 "친절하고 우호적인 사람, 개방적인 사람이 되어라."라고 조언하고 있다.

우리가 가진 것이나 하는 일보다 어떤 사람인지가 더 중요하다는 말인 것이다. 일을 구체적으로 수행하는 능력이 아니라 삶을 바라보는 태도와 자세에 성공의 열쇠가 있다는 것을 뜻하는 것이다. 성공에만 목적을 두고 이것을 간과하면 성공의 모습은 완전하지 않을 것이다.

항상 겸손함을 잃지 않아야 본질을 오래도록 유지할 수 있음을 잊지 말아야 한다.

한마디로 사고의 전환, 의식의 성장이라고 할 수 있다. 내면의 힘을 키운다는 것은 사고방식을 바꾸는 것과 관점의 전환을 통한 의식의 성장을 말하는 것이다.

내 삶을 바라보고 어떤 마음으로 꿈과 마주하고, 어떻게 성공을 정의하며 살았는지 살펴보아야 하는 것이다. 수용할 것은 받아들이고 불필요한 요소는 제거하며 내 삶에 적용하며 사는 것이다. 물론 자신이 처한 상황과 여건에 따라 일부 수정도 하고 보완하는 과정을 통해 성장을 체험하게 된다. 자신을 믿는 믿음과 확신이 성공으로 가는 길을 안내하는 것이다. 자기 믿음의 확신은 자신을 강하게 만들고 끝까지 포기하지 않고 도전할 수 있게 한다.

삶에서 느끼는 결핍을 통해 그것을 느끼고, 바꾸려는 자만이 삶을 변화시킨다. 삶의 결핍은 삶을 돌아보는 확실한 가치를 부여해주었고, 그것으로 올바른 성장을 할 수 있다. 인생이 주는 가르침을 온전히 받아들이고 나를 변화하는 과정에 동참시켜야 하는 것이다.

자기 믿음과 자기 확신을 갖고 꿈을 향해 도전하고 성장하는 엄마의 삶을 이제는 보여주어야 한다. 꿈을 이루어가는 모습에서 믿음과 확신으로 삶을 이끌어갈 수 있게 되는 것이다. 성공의 모습에서 나 스스로를 인정하는 엄마가 되어야 자신감과 성취감에 충만할 수 있다. 아이들에게 당당하고 자신에게 떳떳한 모습으로 남기 위해서는 엄마는 꿈을 이루어 결과를 내는 사람이 되어야 한다. 진정으로 창조적인 성공자의 모습은 배려하고, 공유하고, 다정하고, 삶을 대하는 마음가짐과 태도에 진심을 담은 사람일 것이다. 타인을 위해 최상의 경험을 창조하려고 진심으로 노력하는 마음을 가진 사람이다.

나를 위한 삶을 사는 사람은 결코 성공할 수 없다는 것을 알 수 있다. 성공한 사람들의 대부분은 기버(Giver), 주는 사람, 베푸는 사람이었다는 사실이다. 이것은 성공한 사람은 마음이 넓다는 것을 알 수 있다. 나만 아는 좁은 지식과 생각으로는 크게 성공할 수 없는 것이다. 타인의 마음을 얻는 사람이 성공할 확률도 높은 것이다. 성공하기 위해 사람의 마

음을 얻는 것이 아니라 상대방을 위한 마음이 없이는 성공하기 어렵다는

것을 말한다.

　작은 이익을 위한 것이 아니라 많은 것을 베풀고 나누어주려 할 때 사

람들은 나의 진심을 알게 되는 것이다. 감동을 주는 사람이 되어야 하는

이유이다.

08

꿈이 있는
엄마는 포기하지
않는다

꿈은 나를 찾는 과정을 토대로 만들어진 것이다. 스스로에게 질문을 던지고 해답을 내려야 하는 과정이라는 것을 경험을 통해 알게 되었다. 그래서 많은 경험은 그 답을 찾도록 도와주게 되었다. 경험은 인생에서 가장 소중한 자산이 된다. 나를 찾고 꿈 실현을 위해 행동으로 옮기기까지 많은 시간이 걸렸다. 엄마가 되면서 많은 것을 포기하며 살다 보니 결국 나중에는 아무것도 남아 있지 않다는 사실을 그때야 느끼게 된 것이다. 그 깨달음은 무엇보다 바로 나 자신이 우선이라는 것이다. 이것이 가장 중요한 깨달음이다. 내가 오십 년을 살면서 놓치고 산 것이 바로 이것이었다. 제발 자신을 먼저 생각하는 행복한 이기주의자가 되어야 한다는 것이다. 어설픈 이타주의와 어설프게 착한 사람이 되는 것을 당장 포기해야 하는 것이다. 삶의 우선순위가 내가 아니면 결과적으로 희생이라는 프레임에 나를 가두기 마련인 것이다. 자기 자신을 스스로 가두어놓은 채 어디서부터 잘못되었는지 전혀 파악할 수 없게 된다. 결과적으로 시간을 허비하고 마음만 괴롭게 되는 것이다. 처음부터 현명한 결정과 탁월한 선택을 했었다면 그 많은 시간과 노력을 줄일 수 있었을 텐데 말이다. 특히 엄마들이 이러한 우선순위를 놓쳐버리기 때문에 세월이 지나 정체성을 잃어버리게 되는 경우가 많다.

인생의 우선순위는 나를 먼저 찾고 정체성을 찾아야 한다. 이것은 인간의 삶에서 모두에게 적용되는 것이다. 내가 중심이 되는 세상을 살아야 후회 없는 삶을 살 수 있고 내 아이에게도 삶의 찬란한 유산을 물려줄 수 있게 되는 것이다.

육아나 살림에 중심을 두고 살다 보면 어느새 세월은 한참을 지나오게 되고 아이들은 어느새 부쩍 커버린다. 아무것도 이룬 것 없이 세월만 보낸 것 같은 기분이 들게 되는 것이다. 아무것도 남지 않은 쓸쓸함이 내 안을 차지하고 텅 빈 마음으로 자신을 힘들게 만드는 것이다. 그래서 중요한 것은 시간을 아껴 쓰는 성실함과 행동으로 할 일의 핵심을 아는 탁월함이 있어야 한다. 아직까지 좋아하는 일과 꿈을 찾지 못했다면 일단 부딪히고 경험해봐야 한다. 많은 경험을 한 사람은 무한한 삶의 재료가 될 수 있는 것들이 많기 때문이다. 무엇이든 경험하는 것을 두려워해서도 안 된다. 많은 경험에 노출되는 것이 내가 잘하는 분야를 빨리 찾게 해준다는 것이다. 경험이 자산이 되는 순간이다. 결국에는 시간을 아끼는 것이 관건이다. 그 일을 하면서 흥분되고, 신났던 경험을 찾고 일단 거침없이 실행해보아야 한다. 머뭇거리고 우물쭈물하다 시간은 가버리고 마는 것이다.

내 꿈을 이루는 것이 인생의 첫 번째 목적이 되어야 한다. 나 자신이 가장 소중하기 때문이다. 이 지구에 존재하는 나는 하나이다. 나의 존재 가치를 비교할 대상이 없을 만큼 내가 우선이 되어야 한다. 지금을 놓치면 기회는 언제 또 주어질지 모른다. 지금의 시간이 당신에게 유일한 기회일 수 있다. 나를 사랑하는 것이야말로 자존감을 높이고 자신감의 근원을 만들어내는 것이다. 그래서 어떠한 일에도 좌절과 절망하는 법이 없는 것이다. 내 내면이 단단해지고 멘탈이 무너지지 않게 된다. 아이를 위해 내 꿈은 잠시 미뤄둔 것이라고 변명하지 말고 지금 당장 나를 찾는 연습을 하고 꿈을 이루는 과정을 시작해야 하는 것이다.

　나는 아이를 키울 때, 모든 것을 아이에게 집중하게 되었다. 오로지 아이 하나만 바라보고 노심초사 아이에게 눈을 떼지 않았다. 나를 생각하고 돌아보기는커녕 자신을 방치하는 삶을 살았다. 나의 내면은 말할 것도 없고 겉모습을 가꿀 생각도 하지 않았다. 나를 포기하면서 아이에게만 집중한 것이다. 한마디로 어리석은 삶이었다.

　육아를 변명거리 삼지 말고, 육아를 병행하면서 해나갈 수 있는 것을 찾아보는 것이 현명한 방법이다. 꿈을 찾고 이루어가는 과정을 계획하고, 생활 속에서의 작은 실천을 해보는 것이다. 꿈은 하루아침에 이룰 수 있는 것이 아니지 않은가? 시간을 아껴야 한다. 아이를 키우다 어영부영 시간은 다 지나가고 마는 것이다. 육아로 지치고 힘들다고 자신의 금쪽같은 시간을 낭비하다가는 나처럼 땅을 치고 후회하는 순간이 올 것이다.

　나의 성장을 위한 시간, 그 한 시간을 투자할 수는 있지 않은가? 이것도 힘들다고 할 수 있을까? 나를 위한 투자를 조금씩 하는 습관을 들이면 자기 만족감도 생기고 삶의 동기 부여도 되는 것이다.

　핑계는 당신의 꿈을 미루게 하고 포기하게 만드는 구차한 변명이 될 뿐이다. 자꾸 미루다 보면 아무것도 할 수 없는 자기 자신을 만나게 된다. 성공한 부자들이 시간과 속도를 사랑하는 것처럼 시간과 속도를 중요하게 생각해야 한다. 그들은 돈을 주고 시간을 사고, 빠른 성공을 위해 실패를 전혀 두려워하지 않는다는 것을 기억해야 한다. 성공하기 위해서는 성공한 사람의 관점과 생각을 배우면 성공하는 길을 빠르게 배울 수 있다.

엄마의 삶도, 아이를 위한 육아도 둘 다 중요하다. 즐거운 육아가 되기 위해서는 꿈이 있는 엄마와 꿈이 없는 엄마, 둘 중 누가 육아를 즐겁게 할 수 있을지 생각해보면 간단하다. 엄마의 정체성을 분명히 하기 위해서는 가장 원하는 것, 하고 싶은 일을 미리부터 생각하고 찾아보는 것이다. 하고 싶은 것을 찾고, 꿈을 찾은 엄마는 아이를 양육하는 태도와 마음가짐 자체가 달라질 것이다. 매일 하는 육아가 힘이 들고 우울하기까지 하다면 나를 돌보는 것부터 다시 시작해야 한다. 나를 먼저 사랑하는 사람이 되어야 한다. 내가 원하는 것, 좋아하는 것의 버킷리스트를 50가지 써 내려가보자.

버킷리스트를 써나가면 50개를 채우는 것도 쉽지 않다는 것을 느끼게 될 것이다. 하지만 하고 싶은 일을 써 내려가다 보면 내가 진짜 이루고 싶은 일이 무언지 차츰 알게 된다.

버킷리스트를 작성해보는 것만으로도 내가 좋아하는 것, 원하는 것이 분명해질 수 있게 된다. 이런 자기 생각을 표현해보는 것이 중요하다. 우리는 나를 드러내고 표현하는 것에 익숙하지 않고 오히려 감추려고 한다. 감추려고 하고 표현하지 않는 것은 자기 자신의 장점과 단점을 알고 자신을 설명하는 데 부족한 메타인지가 낮은 사람이 될 수밖에 없는 것이다. 뭘 해도 잘되는 사람들의 특징은 자기 자신을 잘 알고 설명하고 드러낼 줄 아는 사람이다. 나를 드러내기에 익숙하고 능수능란해야 성공하는 시대에 살고 있다.

그리고 꿈의 비전보드를 만들어보는 것도 도움이 된다. 롤 모델인 사람의 모습, 하고 싶었던 일, 갖고 싶은 것들을 시각화해서 비전보드를 만들고 매일 보면서 구체적으로 상상하는 것이다. 꿈을 시각화하는 방법이다. 성공한 내 모습을 상상만 해도 내가 느끼는 그것을 찾게 되는 것이다.

나를 가슴 뛰게 하는 것이 무엇이고, 내가 하고 싶은 일은 무엇이며, 내가 어떤 일을 할 때 가장 행복했었는지 알아보는 것이다. 이상하게도 엄마가 되면 내가 무엇을 좋아했었는지, 어떤 일을 할 때 가장 행복했었는지를 까마득하게 잊고 살게 된다.

아이를 낳고 엄마가 되는 순간 모든 것이 모성애로 집중되어서 그런지도 모르겠다. 희생을 각오해서라도 아이에게 전부 다 쏟는 엄마들도 아직도 많은 듯하다.

그러다 나중에 나를 돌아보는 때가 오게 되면 늦은 후회와 자기 비하를 하는 경우도 있게 되는 것이다. 모든 일을 다 겪고 난 후에 늦은 후회로 자신을 괴롭히지 말고, 자신을 사랑하는 돌봄을 갖는 지혜로운 엄마가 되어야 한다.

이렇게 내가 원하는 꿈을 찾게 되고, 내가 하고 싶은 일을 찾아내게 되면 그것만으로도 에너지가 충만해지고 기분이 좋아지게 된다. 꿈을 이루어가는 과정을 이제는 구체적으로 로드맵을 그려나가는 것이다. 이런 생각만으로도 행복할 수 있게 된다.

꿈을 가진 엄마가 행복한 육아를 할 수 있는 것은 당연하다. 꿈이 있는 사람은 행복하기 마련이다. 이 꿈을 통해서 엄마도 성장하게 되는 것이다. 자존감이 높아지게 되고 스스로를 소중한 사람으로 여기게 되는 것이다. 나를 세우는 일은 나 자신에게서 시작이 된다. 엄마가 그리는 꿈의 행복이 아이의 행복으로 고스란히 전달될 것이다.

　꿈을 찾는 여행을 하는 엄마가 우리 아이들 미래의 꿈을 안내할 수 있다. 꿈꾸는 아이들의 엄마가 되는 것이다. 꿈을 가진 엄마는 결코 자신의 삶을 내버려두지 않는 사람이다. 그 꿈을 포기하지 않는 것이다. 꿈을 위해 살아가는 멋진 엄마는 결코 두려워하지 않는다. 포기하지 않는다.

3장

내 인생의
기준을 남의 인생에
맞추지 마라

01

행복한
엄마가 인생을
주도한다

당신이 가장 행복했던 순간, 잊지 못할 순간은 언제였는가?

내가 가장 행복했던 잊지 못할 순간은 첫째 아이를 낳았을 때이다. 조산의 위험으로 병원에 입원도 했었고 달수를 채우지 못하고 출산하게 되었다. 달수가 모자라 인큐베이터가 필요했었다. 그런데 병원에서는 인큐베이터가 없다고 해서 남편과 엉엉 울었던 것이 생각난다. 처음으로 부모가 되는 순간, 엄마가 되는 그 순간이 제일 행복했었다. 아이를 낳고 가슴에 안을 때의 그 느낌은 잊을 수 없는 첫 경험이었다. 엄마가 되는 역사적인 순간이었고 배 속에서의 교감을 통한 아이와 조우하는 그 순간은 경이로움 그 자체였다.

아이가 커가는 과정들을 지켜보며 아이와 웃고, 울고, 했던 그 시간이 가장 소중하고 행복했었다. 이런 행복했던 시간도 이제는 추억으로 남게 되었다. 엄마라는 신의 선물은 가장 큰 축복이다. 엄마로 태어나서 기쁘고 감사하다.

행복에 대한 정의는 만족과 즐거움을 느끼는 상태라고 한다.

특별한 사건이 없는 편안한 상태를 의미하는 것이다. 여기에는 직장, 건강, 가족 등 다양한 분야에서 자기 삶에 대한 만족도가 중요하다는 것이다. 만족감에는 긍정적인 감정이 필요하다. 행복의 기준은 사람에 따라 다를 수 있다.

바쁠 때는 그것 자체로 생각할 겨를이 없을 정도였다. 나이가 들어 찾아오는 허무함을 극복하려면 아이가 소중한 것처럼 엄마의 미래도 중요하고 미래의 삶을 준비하는 지혜가 필요한 것이다. 누구보다 자신의 미래를 스스로 책임을 지는 엄마가 되어야 한다. 미래를 미리 준비한다면 꿈꾸는 미래는 앞당겨질 것이다. 미리 준비하는 사람은 현재를 누구보다 충만하게 사는 사람이 분명하기 때문이다. 아이를 양육할 때 우울함보다 행복감으로 가득해야 할 것이다. 엄마가 행복해야 아이도 누구보다 행복할 수 있는 것이다. 엄마와 아이가 함께 행복할 수 있는 방법은 엄마의 행복이 우선이 되어야 한다. 주변에 엄마가 우울증으로 힘들어하면 아이들은 어떨까? 엄마의 마음건강은 아이에게도 가족을 위해서도 중요하다. 그래서 엄마가 행복하고 마음이 건강해야 하는 것이다.

육아하는 엄마가 행복하려면 어떻게 해야 할 것인가?

독박육아는 엄마, 아빠 모두에게 옳지 않은 방법이다.

양육의 문제에 있어도 엄마와 아빠의 역할 분담을 잘하는 것이 무엇보다 중요하다는 것이다. 결혼을 하고 아이가 생기면 자연스럽게 엄마가 육아를 모두 담당하는 것으로 여기는 분위기는 합당하지 않다. 아이는 두 사람의 합의와 사랑의 결실이기 때문이다. 이것은 많은 것을 의미하기도 하지만 공동의 육아를 이루어가는 아주 기본의 마음가짐이 되어야한다. 우리 아이의 양육을 공동으로 책임지고 역할을 분담하는 것은 아주 당연한 것이다. 그러기에 엄마와 아빠가 각자의 역할을 충실히 해야하는 것이다. 엄마와 아빠의 육아 문제를 선을 긋듯이 역할을 규정지어선 안 되는 것이다.

이제는 아빠도 육아와 살림에 참여하는 시간이 많아지고 엄마도 워킹 맘일 경우 경제적인 부분을 책임지고 있기 때문이다. 육아는 공동의 역할을 잘 부담하고 배려하는 마음이 가장 중요하다. 부부관계에도 관심과 배려가 전제되어야 다툼이 생기지 않는다. 가족은 타인보다 더 소중한 존재임을 서로가 알고 있다. 그렇기 때문에 부부가 서로를 존중하고 배려를 아끼지 말아야 한다. 남편과 아내가 서로를 위하고 양보한다면 육아는 힘든 노동이 아니라 부부의 협동이 빛을 발하게 되는 작품이 된다. 조화로운 육아를 위해 부부는 서로 사랑하고 이해하는 사이가 먼저 되도록 노력해야 한다. 아이가 생기면 모든 관심이 아이에게로 가는 것이 당연하다. 하지만 부부가 서로에게 더 관심을 갖고 먼저 존중과 배려를 할 필요가 있다. 사랑도 절대적으로 노력이 필요한 것이다. 부부의 사랑이 충만하게 되면 건강하고 즐거운 육아를 해나갈 수 있는 원동력이 될 것이다.

아내와 남편도 서로 각자 혼자만의 시간을 가질 줄도 알아야 한다. 남편은 육아와 살림에 몰빵하는 아내로 만들어서도 안 되고 아내도 남편이 혼자만의 시간을 갖도록 서로 배려하는 여유가 필요하다. 좋은 부모가 되려고 노력하기보다 행복한 부부가 되도록 노력해야 하는 것이다.

우리는 부모가 되는 연습 없이 결혼을 하고 부부가 되었다. 당연히 아이를 키우는 육아도 배운 것이 전혀 없다. 그저 주변에서 들은 이야기 정도거나 맘카페를 통한 정보를 얻는 것이 다일 것이다. 이렇게 준비가 되지 않은 상태에서 결혼을 하고 아이가 생기면 육아에서 겪는 수많은 어려운 난관을 만날 수밖에 없다.

이때 육아를 너무 잘하려고 해서도 안 된다. 기술적인 부분을 배우는 것은 그리 오래 가지 못하게 된다. 좋은 부모가 되려 하지 말고, 행복한 부부가 되고 행복한 엄마가 되어야 한다. 행복한 감정은 존재의 가치를 지니고 있고 살아가는 가장 큰 의미가 된다. 행복하면 모든 것이 아름답게 보이고 마음이 광활한 바다와 같이 열리게 되는 것이다.

행복한 아내와 엄마가 남편과 아이를 행복하게 하는 것은 당연한 이치다. 남편은 아내를 먼저 행복하게 해주어야 한다. 육아에 노력하는 아내를 위해 배려하고 아내는 지친 남편을 위한 시간과 마음을 주어야 한다. 이렇게 부부의 주고받는 배려가 서로를 더욱 행복하고 충만한 감정으로 이끌 것이다. 이런 부모가 되었을 때 아이는 더 없이 행복하게 자랄 것이고, 아이를 지켜보는 부모 또한 행복이 가득하게 되는 것이다.

행복한 엄마가 아이와 가정의 행복을 주도하게 된다. 이것이 엄마의 행복이 중요한 이유이기도 하다. 아이와 잘 소통하기 위해서도 엄마가 먼저 행복하면 된다. 가장 작은 공동체인 가족에서부터 행복감은 시작되어야 한다. 그 행복한 감정은 다시 나를 둘러싼 모든 이들에게 전파된다. 행복하고 만족감 넘치는 부모에게 자란 아이들은 사춘기를 지나 성인이 되어도 정서적인 안정감으로 살아가게 된다.

　행복은 많은 것을 안겨준다. 이 좋은 감정은 누려야 하고 사용할 줄 알아야 한다. 행복한 마음이 가득하면 나를 사랑하는 마음이 넘치고 자기애가 충만한 사람이 인생을 주도하며 살게 된다. 행복한 감정은 자기의 인생을 주체적이고 독립적으로 살게 한다. 그렇기 때문에 자신이 하는 일을 사랑하고 끊임없이 발전시켜나가는 것이다. 행복한 엄마가 가정을 이끌고 자기의 인생을 가장 의미 있게 살아가게 된다. 마음에 행복한 감정이 충만하도록 감정을 조절하고 행복을 위한 지속적인 노력도 필요하다.

　행복을 위해 우리가 노력해야 할 것은 현재에 집중하고 즐기는 것이다. 나태하거나 게으르지 말고 오늘을 위해 최선을 다해 사는 것이다. 그리고 건강을 돌보아야 한다. 몸 전체가 제대로 작동하기 위해 잘 보살펴야 하는 것이다. 매일 운동을 하고, 건강하게 먹고, 스스로의 마음과 감정에 귀를 기울이면 된다.

행복의 이유도 각 사람마다 다르다. 행복은 꿈과 목표와 능력과, 열망 등의 영향을 받는다. 만일 지금 자신을 행복하게 하는 것이 무엇인지 알지 못한다면, 걱정할 필요는 없다. 스스로를 위한 시간을 가지고 행복해지기 위해 필요한 것을 알아가면 된다.

행복감은 멀리에 있고 찾기 힘든 과정이 아니다. 내 안의 내가 원하는 것에 귀를 기울이는 순간 마음이 시키는 그것을 따라가기만 하면 된다. 여행을 하고, 가족과 함께 할 수도 있고 사회의 문제에 동참할 수도 있는 것이다. 자신의 목표를 가지고 원하는 것을 행동하고 움직이는 것이다. 행복은 준비되어 있지 않은 것이다. 행복은 스스로의 행동으로부터 나온다.

주변에 올바르고 긍정의 에너지가 많은 사람들을 만나고 자신의 가치를 깨닫는 것이 무엇보다 중요하다. 행복한 사람들은 즐거움을 위한 시간을 충분히 가진다고 한다. 행복해질 수 있는 열쇠를 찾고 지금의 이 순간 행복하고, 이 순간이 당신의 최고의 인생이다.

이런 마음이 영원히 남을 것이고 최고의 기억을 선사하게 될 것이다. 행복한 엄마가 인생을 주체적으로 이끄는 삶을 살고 가정을 행복으로 이끈다. 내 인생의 주도권을 잡은 엄마가 행복의 근원이 되고 자신의 삶을 주체적이고 독립적으로 살게 된다. 이러한 엄마의 행복은 아이와 가정의

샘솟는 기쁨과 행복의 근원이 된다.

행복한 엄마가 이 세상을 바꿀 수 있는 능력자가 되는 것이다.

02

시작했다면,
단기적 성공에
목숨 걸어라

꿈을 성취하는 방법은 다양하다. 그 방법이 사업이든, 창업이든 어떠한 형태로든 내가 원하는 꿈을 이루는 도구일 뿐이다. 선택했다면 이제는 죽기 살기로 노력을 아끼지 않는 것만 남았다. 중요한 것은 단기적 성공을 위해 매진해야 한다. 크고 거창한 성공을 목적으로 하는 것보다 작은 성공을 많이 만들어가는 것이 중요하다. 작은 성공들이 모여 큰 성공으로 갈 수 있는 기반을 만들 수 있기 때문이다.

단기적 성공은 작게는 하루, 일주일, 한 달, 일 년으로 잡고 목표를 설정하는 것이다. 그리고 단기, 중기, 장기로 나누어 계획을 세워본다. 단기 목표는 끝을 염두에 두고 시작하고 장기적인 목표와 연결할 수 있어야 한다. 달성하고자 하는 구체적인 결과와 날짜를 정해보는 것도 좋다. 단기 목표는 열정적으로 원하는 것을 달성하고자 중점을 두어야 한다. 더 큰 목표를 이루는 데 필요한 가장 작은 단계에 속한다. 목표를 설정할 때 열정을 다한다는 것은 에너지와 집중을 위해 몸과 마음을 다하는 것이다. 내가 좋아하는 일을 선택했다면 즐기면서 끝까지 최선을 다하면 되는 것이다.

좋아하는 일이 아니더라도 내가 선택한 일에 대해서는 책임감으로 끝까지 결과를 보겠다는 마음으로 시작하면 만족할 만한 성과를 낼 수 있다. 중요한 것은 시작부터 하는 것이다. 시작을 해야 끝을 볼 것이고, 실패하더라도 그 과정에서 얻는 배움은 클 것이다.

제발 실패를 두려워하지 마라. 실패는 성공으로 가는 과정 중 하나의 일부분이기 때문이다. 과정 없이는 성공이라는 결과도 없다. 실패했다고 세상이 무너지는 것은 아니다. 두려움은 시작하기도 전에 내 삶을 방해하는 장애물일 뿐이다. 두려움을 극복하지 못한다면 아무것도 할 수 없는 무능력한 상태와 같다. 맨날 두려움에 한 발짝도 나가지 못하고 제자리에 있는 꼴이 되고 마는 것이다.

본격적으로 계획을 뚜렷하게 세워야 한다. 자신이 세운 계획의 경우의 수를 계산하고 있어야 한다. 그래야 자신을 이길 수 있을 것이다. 남과 경쟁할 필요는 없다. 나 자신을 이기지도 못하면 남들에게 뒤처지게 마련이다. 나 자신을 극복하고 나아가는 것이 중요하다. 지금 하는 일에 자신이 희생하고 있다고 생각한다면 그것은 행복한 일이지 불행한 일은 아니다. 안 될 것에 집중을 뺏기지 말고 될 것만을 생각하는 것이다. 될 것을 생각하고 일을 진행해나가는 것이다.

마음의 여유를 갖고 최우선 순위에 집중하면 된다. 가장 우선시하는 것과 소중한 가치에 집중되어야 한다. 작고 사소한 것은 제쳐두고 최우선 순위의 가치 있는 것에 먼저 집중하는 것이다. 내가 원하는 그 일을 분명히 해야 성공의 길을 갈 수 있다.

내가 사업을 시작하고 처음에는 사업의 흐름조차 파악하지 못한 상태에서 많은 시행착오를 겪어야만 했다. 어디서부터 잘못하고 있는지조차 파악할 수 없는 상태였다. 혼자 전전긍긍하며 이것저것 다 해보았던 것이다. 실패를 두려워하지 않고 그저 과정일 뿐임을 명심하고 작은 것부터 시작했다. 찾아오는 고객이 없는 나는 지인 영업부터 시작했다. 지인 영업이 가장 어렵고 힘들다고 하지만 그때는 그것도 하지 않으면 아무것도 성과를 이룰 수 없었기 때문이다. 가까운 사람들과의 인맥을 쌓고, 신뢰를 구축하는 과정에 시간을 쏟아야 했다.

이런 과정은 정말 필요한 것이다. 지인 영업으로 거절을 당할 때는 가장 마음이 아픈 상처로 남기도 했다. 하지만 시간이 지날수록 고객의 소중함을 깨닫게 되었다. 고객이 존재하지 않는다면 내가 파는 상품이나 서비스가 무용지물이 되는 것이다. 한 사람의 고객이 너무 소중하고 그 고객을 대할 때, 진심으로 대하게 된다. 이렇게 인맥을 넓히고 믿음과 신뢰의 관계를 만들어갈 때 신규 고객이 생기게 된다. 사람과 연결되는 모든 것에는 믿음과 신뢰가 밑바탕이 되어야 한다는 것이다.

이렇게 사람을 대하는 방식이 달라진다면 우리가 하는 사업에 큰 영향을 준다는 사실을 알게 되었다. '모든 것은 사람으로부터이다.'라는 깨달음을 얻게 되었다. 처음에는 고객의 거절이 나를 거절하는 것 같아, 마음의 상처가 되어 두려웠다. 하지만 차츰 고객의 거절은 내가 아니라 상품을 거절한 것뿐이라는 것을 알고 사람의 심리가 중요함을 알게 되었다.

사람을 대하는 자세가 성공을 결정한다 해도 과언이 아니다.

모든 것은 돈을 지불하는 고객에게서부터 시작되는 것이기 때문이다.

사람을 대하는 태도와 마음가짐이 가장 중요한 것이 된다. 진심을 담은 관계 형성에서 사람의 마음을 움직이게 한다. 나는 단기적인 성공을 위해 인맥 쌓기부터 시작했다. 많은 사람들을 만나기로 결심했던 것이다. 좋은 제품을 설명하기보다 믿음과 진심으로 고객에게 다가가는 것이다.

하지만 나의 인맥은 그렇게 많지 않았기 때문에 시작은 어려웠다. 하지만 고객을 대하는 것에 자신이 생기고 진심을 다해 상대를 대하면 나의 진심이 꼭 전달된다는 것을 배우게 되었다. 그래서 만나는 한 사람이 소중하고 고객을 만날 때는 최선을 다해 섬기려는 마음을 다하려 노력하는 것이다.

성공이란 갑자기 퀀텀 점프를 할 때도 있겠지만 요행을 바라지 않고 끈기 있는 꾸준함이 절대적으로 필요하다는 것이다. 물론 잘 안 되거나 문제가 생기면 고쳐나가면 된다 생각하면 모든 것이 순조롭게 해결될 수 있다. 어떤 문제에 부딪혔을 때, 겁부터 먹지 말고 담대하게 문제를 직시하는 것이다. 해결점에 초점을 두고 해결 방법을 찾는다면 모든 문제는 거의 해결할 수 있게 된다. 문제를 제대로 파악하고 해결하려는 통찰을 가져야 한다. 끈기 있게 끝까지 사업을 이끌고 가기 위해서는 중간중간 성과가 있어야 포기하지 않게 되는 것이다. 성과를 내기 위한 노력을 아끼지 않아야 한다. 성과는 무엇이든 끝까지 가게 하는 엔진의 역할을 하는 것이다. 힘든 과정을 고비 고비 겪게 되는 것은 인생살이와 마찬가지다.

내 경험상 사업을 시작했다면, 일 년 안에는 작은 성과를 통해 성공의 가능성을 열어놓는 것이 목적이 되어야 한다. 처음부터 큰 성과를 목적으로 정하게 되면 부담이 되어 과부하가 걸릴 수 있다. 안정적으로 작은 성공들로 성과를 만들면서 기초를 만들어가는 것이다.

그다음은 차곡차곡 하나씩 수정, 보완, 실행으로 업그레이드시켜 나가면 된다. 나는 이렇게 지금의 사업을 키워가고 있다. 물론 각자의 스타일대로 계획하고 실천해나가면 되는 것이다. 그리고 배움의 자세도 중요하다. 부족한 부분이 있다면 배워서라도 고쳐야 하고 잘못된 것은 겸손히 인정할 줄도 알아야 한다. 그래야 성장할 수 있는 것이다.

우리가 새해에 세운 계획도 어떠한가? 잘 지켜지고 실행하고 있는가?

사업과 똑같다. 우리 삶도 단기적 성과에 목적을 두고 고군분투할 필요가 있는 것이다. 단기적으로 작은 성과들을 만들어놓아야 한다. 그래야 자기 자신을 인정하며 더 큰 성과와 목적 달성을 위해 꾸준히 할 수 있게 되는 것이다. 이런 계획을 미리 세워두고 실천을 해간다면 일 년의 목표를 어렵지 않게 이루어나갈 수 있다.

어렵게 생각하지 마라. 어렵게 생각하면 작은 것 하나도 해낼 수 없다. 할 수 있다는 생각으로 행동하는 실천력이 성공으로 가게 만든다. 아무 것도 하지 않으면 아무 일도 일어나지 않는 것처럼 말이다.

행동하고 움직이는 엄마가 되어 꿈꾸던 계획을 현실로 만들어보는 것이다. 가슴 떨리는 삶을 찾고 그것에 최선을 다하는 엄마가 멋있는 엄마인 것이다. 엄마의 무한한 가능성을 열고 도전하는 엄마가 되는 것이다. 자신의 꿈을 펼치는 엄마로 자신이 가진 가능성의 영역을 만들어가는 것이다.

자신을 믿는 믿음으로 생각한 대로, 느낌 그대로 옮겨 행동해보는 것이 가장 빠른 꿈에 도달하는 방법이다. 당신이 하지 않으면 절대 그 일은 눈앞에 일어나지 않는다. 이것은 한 끗 차이지만 아주 큰 결과를 만들게 되는 것이다. 스스로 가지는 믿음은 실행과 결과로 보여주게 된다.

지금 처한 환경만 생각하지 말고, 내가 할 수 있는 범위의 영역을 정해 시도를 계속해보는 것이다. 취미가 되었든, 부업이 되었든, 배움이 되었든… 내가 해낼 수 있는 가능치를 시험 삼아 하는 것이다. 용기는 나에게

주는 격려가 되어 꿈의 결실이 될 것이다. 계획한 목표는 단기적인 성공

을 위해 몰입과 집중을 하는 것이다.

03

엄마의
아름다움도
경쟁력이다

'아름다움이 권력'이라는 말이 있다. 아름다움에는 보이지 않는 힘이 존재한다는 것이다. 말로 하지 않아도 되는 힘이 있는 것이다. 말하지 않아도 전달되는 아우라가 바로 아름다움이라는 것이다.

세상에서 가장 아름다운 영어 단어는 바로 Mother, 어머니였다고 한다. 엄마라는 단어 자체는 전 세계인의 가슴을 울리는 아름다운 단어로 자리 잡고 있는 것이 분명하다. 열 달 동안 엄마의 자궁 속에서 아이는 엄마와 함께 동고동락하게 된다. 엄마와 함께 호흡하며 자라게 되는 것이다.

엄마는 세상에서 가장 특별하고 소중한 가치를 부여받은 사람이다. 엄마라는 특별한 선물을 받은 우리는 가장 빛날 존재이다. 그 이름이 바로 엄마인 것이다.

어렸을 때 학교에서 돌아오면 엄마가 없는 날에 집은 텅 빈 느낌으로 불안했던 적이 있었다. 하지만 엄마가 집에 있는 날은 집안의 느낌과 엄마의 냄새가 주는 특별한 따스함으로 마음의 포근한 안정감은 이루 말할 수 없었다. 엄마의 존재감은 이 세상의 전부였던 것이다. 엄마는 내 마음의 우주였고, 내 심장과도 같은 존재였다.

그래서 '엄마'라는 두 글자를 생각하면 지금도 가슴 져며 오는 애잔함이 묻어 있는 것이다.

엄마의 존재가 빛이 날 수 있는 이유는 가족이 있기 때문이다. 그리고 가족을 빛내는 것은 엄마인 것이다. 건강한 엄마가 건강한 가정을 이끌 수 있듯이 엄마의 존재는 가족 구성원에게 의미 있는 존재인 것이다. 세상에서 가장 위대한 일은 바로 엄마가 되는 것이고 부모가 되는 것이다. 엄마인 당신은 가장 가치 있고 위대한 존재이다.

자기 자신을 최고로 사랑할 줄 아는 엄마가 되어야 한다. 자기 자신을 사랑할 줄 아는 부모, 엄마가 되는 것이 아이에게 줄 수 있는 최고의 유산인 것이다.

엄마가 아이들에게 주는 것은 말할 수 없는 안정감과 행복감이다. 아이들과 엄마의 만남은 세상과 만나기 전부터 배 속에서부터 우리는 만났다. 아이와 엄마의 연결고리는 우주가 주는 메시지인 것이다. 말하지 않아도 우리는 느낄 수 있는 특별한 사이이다.

엄마와 아이 사이에 형성된 유대감은 하나님께서 태초부터 부여하신 엄마에게 주신 커다란 선물이다. 그것의 이름은 하늘이 내린 모성애, 그것이다.

꿈을 이루는 엄마는 가장 아름답다. 꿈을 찾아 여행을 나선 엄마의 모습에는 이루 말할 수 없는 행복이 있기 때문이다. 꿈을 찾는 엄마는 자기 자신의 가치를 알고 인정하는 아름다움이 있는 것이다. 자신을 가장 잘 알고 스스로 사랑할 줄 아는 사람이다. 자기 자신을 사랑하는 자기애가 넘치는 사람은 무엇을 하든 자기의 믿음과 확신으로 자신감이 넘치는 모습을 드러내는 것이다.

삶의 목적을 이루고 삶의 결실을 맺는 강인한 사람인 것이다. 이렇게 자존감이 높은 엄마에게 자란 아이는 행복하고 자기를 사랑하는 자존감이 높은 아이로 자란다. 엄마의 행복이 그대로 전달되는 것이다. 행복감에 항상 웃음 짓는 엄마의 미소가 아름다운 것이다. 엄마의 얼굴에 미소가 가득할 때, 그 가정은 웃음꽃이 활짝 피게 되는 것이다.

나는 엄마의 아름다움을 새벽에 기도하는 모습에서 보게 되었다.

내가 어렸을 적에 엄마는 항상 새벽기도를 가셨다. 이른 새벽에 교회당에서 기도를 하실 때 자식을 위해 기도하시는 엄마의 모습이 아름다웠다. 자기를 위한 기도가 아닌 아이들과 가정을 위한 기도로 새벽을 여셨다. 엄마의 모습에서 아름다운 빛을 보았다. 엄마는 하늘에서 내려온 천사일 거라고 생각했었다. 엄마의 모습은 아직도 내 눈에 선하다. 그 기억은 아직까지도 내 가슴에 잔잔히 새겨진 한 페이지로 장식되어 있다.

엄마를 생각하면 눈시울이 뜨거워진다. 엄마라는 단어 자체가 감동적이고 먹먹한 가슴이 되게 만드는 무언가가 있다. 그것은 한없는 사랑과 따스함의 파동일 것이다.

나라는 이름으로, 아내라는 이름으로, 그리고 딸이라는 이름으로 살아갈 때 그 이름만으로도 충분히 우리는 아름다운 사람들이다. 이름이 주는 기쁨을 만끽하며 살아야 한다. 주어진 역할에 감사하면 모든 것이 감사한 것뿐이다. 삶은 그렇게 만들어가는 것이다.

자신감이 넘치는 엄마는 아름답다. 엄마는 항상 자신감이 넘치는 말로 나를 응원해주셨다. 부정의 말은 전혀 안 하신 것 같다. 야단도 치신 적이 없고 매를 드신 적도 없었다. 그저 조곤조곤 말씀으로 충고해주셨던 기억이 있다. 그래서 나는 부모님의 사랑을 말할 수 없이 충분히 받고 자랐다고 자부할 수 있다. 이런 엄마의 사랑과 애정으로 모나지 않고 자랄 수 있었던 것이다. 감사한 일이다.

이런 엄마의 양육 태도를 통해 나는 부정적인 사람이기보다는 나를 사랑하는 자신감이 넘치는 사람으로 자랄 수 있었던 같다. 이렇게 키워주신 부모님께 진심으로 감사하다.

나를 가꾸는 엄마는 부지런한 엄마이다. 자신을 가꿀 줄 아는 것은 스스로에 대한 자부심일 것이다. 아름다운 모습에서 우리는 그 사람의 내면을 평가하기도 하는 것이다.

보이는 모습에서의 아름다움뿐만 아니라 내면으로부터 풍기는 그 사람만의 독특한 무언가가 있는 것이다. 내면의 아름다움이 바로 그것이다. 말과 행동을 통해서 나오기도 하는 것이다. 손짓 하나 작은 매너와 에티켓으로 그 사람의 마음을 알 수 있다.

자연스러운 애티튜드가 나오면 참 우아한 사람이라고 말할 수 있는 것이다. 이렇게 외면과 내면의 조화를 이룬 사람이 되고 싶다. 아름답고 우아한 엄마로 남고 싶은 소망이 생기게 된다. 하지만 가장 중요한 것은 진심을 가진 사람이 가장 아름답다는 것이다.

내면의 진실된 아름다움, 이것은 많은 내공이 담겨야 나올 수 있는 아름다움이지 않을까 싶다. 이런 아름다움을 장착한 엄마가 되고 싶어졌다.

감사가 넘치는 엄마가 위대하다. 엄마의 말과 행동에 묻어나는 감사의 표현들이 직접적으로 나 자신에게 영향을 끼친다는 것을 알아야 한다. 감사는 쉬운 것이 아니다. 하지만 감사를 하게 되면 놀라운 일이 일어나게 되는 것을 알아야 한다.

감사는 힘을 가지고 있다. 감사는 전염이 되어 돌고 돈다는 것이다. 감사는 긍정의 에너지를 끌어오게 한다. 감사는 가정을 화목하게 하는 근원이 된다는 것이다. 감사의 영향력을 모르고 쉽게 넘어가서는 안 된다.

사소한 감사를 통해서도 얻는 것이 있는 것이다. 감사를 하는 내가 더 큰 축복을 받는 경험을 하게 되는 것이다. 감사하는 엄마의 얼굴에서 아이들은 인정받고 아이들의 정서는 안정되는 것이다. 엄마의 아름다움을 감사로 만들어가는 것이다.

감사일기를 쓰는 엄마가 되어보자.

감사를 글로 표현하면 삶을 끊임없이 긍정적으로 해석하게 된다. 원래 사실이 아니었던 어떤 현실이 이루어지게 된다. 감사라는 긍정의 언어가 잠재의식에 전달을 하게 되는 것이다. 감사하면 현실로 이루어지는 놀라운 힘이 있다. 무엇인가를 믿으면 그것이 사실상 현실이 되는 것이다. 감사의 놀라운 힘인 것이다. 감사하는 엄마는 그 에너지를 충분히 이해하고 있다.

상상의 힘과 마찬가지로 감사의 능력도 충분히 인정하는 것이다.

매일 감사할 이유를 찾기 위해 노력하는 것이다. 감사하는 태도가 자연스럽게 배어 나오도록 말이다. 엄마의 아름다움을 통해 아이의 경쟁력에도 좋은 영향을 주는 것이다.

엄마는 모든 면에서 아름다움을 지킬 의무가 있는 것이다.

04

남편을
나의 고객으로
생각하라

나는 결혼 25년 차 경력의 엄마이자, 아내이다. 결혼생활은 솔직히 말하면 만족보다는 불만이 많았다. 사람의 기억이라는 것이 좋은 일도 많았는데 하필 기억을 되짚어보면 안 좋았던 기억이 더 생생하게 생각이 난다. 남편과 나는 성격이 정반대로 너무 다르다. 그래서 서로를 이해하는 것이 힘들었다. 나는 안정을 원하는 성격이어서 남편에게 맞추면서 사는 것이 어느 순간 일상이 되어버렸다. 평소에는 다정한 사람이지만 자신의 기준을 벗어나는 일에는 용납하기 힘든 성격의 사람이다. 그래서 서로 마찰이 많아 다투기도 많이 했다.

물론 나도 의존적인 성향이 강했고, 독립적이지 못한 나약한 사람이긴 했다. 외동딸로 부모님의 사랑을 독차지하고 자라서 거절이나 차가운 말에 상처도 쉽게 받는 성격이었다.

그래도 시간이 지나면서 나 자신도 많은 부분을 깨닫게 되었다. 성숙하지 못한 남녀가 부부라는 인연을 맺고 살아가는 것이다. 부부의 참 의미도 모른 채 살게 되어 서로 상처를 주고 마음에 못을 박을 때가 많았을 것이다. 그것 또한 인생의 일부분이므로 자연스럽게 나이가 들면서 받아들이고 수용하게 되었다. 사랑하는 아이들을 낳고 인생의 참 깨달음을 얻게 된 것은 크나큰 배움이다. 결혼이라는 제도 속에 들어오지 않은 사람과 아이를 낳은 경험이 없는 사람은 깨우칠 수 없는 남다른 인생의 성찰이 분명히 있다.

인생은 계속되는 깨달음의 현장이다. 인생에 연륜이 생기다 보니 삶을 바라보는 여유도 가지게 된다. 서로의 단점만 바라볼 것이 아니라 장점을 더 칭찬하고 못난 부분은 이해해주는 부부가 되었다. 서로를 애틋하게 바라봐준다면 느긋하고 여유로운 인생을 보낼 수 있을 것 같다. 남편을 적당한 거리를 두고 바라볼 때 나 자신도 남편을 넉넉하게 포용할 수 있게 되었다. 그리고 무엇보다 내려놓으니 나 자신이 편안해지는 것을 깨달았다. 모든 깨달음의 시작은 바로 나로부터인 것이 맞는 말이다.

우리나라의 이혼율이 높다는 사실은 잘 알 것이다.

보고에 따르면 2020년을 기준으로 우리나라 혼인 건수는 약 21만 건이며, 이혼 건수는 약 10만 건으로 혼인 건수 대비 이혼 건수는 약 2:1이라고 볼 수 있다고 한다. 이것은 2명이 결혼을 하면 1명은 이혼한다는 것이다. 즉 2020년도에만 약 3만 쌍의 부부가 소송으로 이혼을 진행했다고하니, 매우 높은 수치임에 틀림이 없다.

이혼의 합당한 이유도 있겠지만 그 후의 과정은 감당하기 어려워 신중의 신중을 더했으면 하는 바람을 가져본다. 옛날의 어르신들은 아무리 힘이 들어도 참고 견디며 백년해로를 해야 한다는 인식이 강했었다. 하지만 지금은 이혼도 보편화되어 이혼에 대한 인식도 많이 바뀌었다. 사랑해서 결혼했지만 이혼도 할 수 있다는 것이다. 최근 한 이혼 전문 변호사의 인터뷰 중 80년대생의 흔한 이혼 사유로 90% 이상을 육아로 꼽았다고 한다. 결국 갈등의 씨앗은 육아였던 것이다. 육아라는 극한 상황에서 갈등을 겪게 되고 상대방의 감정의 밑바닥과 이기적인 면을 발견하게되는 것이다. 이로 인한 스트레스로 여러 가지 문제가 발생하고 결국은 이혼이라는 절차를 밟게 된다.

옛날의 어른들은 자식을 위해 자식들이 결혼을 할 때까지라도 참고 살기를 바라지만 최근에는 '부모가 행복하지 않은 상태에서는 아이도 행복하게 자랄 수 없다. 차라리 이혼해 부모가 편안한 것이 아이에게도 더 낫다'고 생각하는 경우가 많아졌다고 한다.

이것이 지금 부부들이 인식하고 있는 보편적인 생각인 것이다. 그만큼 사회가 변화하고 인식이 변하고 있는 것이다.

그렇다 하더라도 이혼은 지양되어야 할 사회 문제이기도 한 것이다.

이러한 면에서 부부도 어느 정도 거리를 두고 예의를 갖추고 배려하는 마음이 절대적으로 필요하다는 것을 느낀다. 부부도 상대의 입장을 고려하고 충분히 배려하는 마음을 가진다면 이혼이라는 선택까지는 하지 않게 될 것이다.

사업에서 고객을 만나게 되면 그 고객에게 집중하게 되고 그 사람의 기분을 살피게 된다. 그 사람의 필요를 알려고 노력하게 되고 장점을 부각시켜 기분 좋게 이야기해준다.

그 고객의 기분을 맞추려고 대화거리를 찾게 되고 화기애애한 분위기로 리드하게 되는 것이다. 고객에게 맞춤으로 서비스를 하고 친절과 배려를 아끼지 않으며 섬기는 모습을 다하게 된다. 그래서 집에 있는 남편이 남의 편이지만 차라리 고객이라는 생각으로 다가가보면 어떨까 하는 생각을 하게 되었다. 남편에게 원하는 기대치를 좀 낮추고 인간적으로 고객을 대하듯이 다가가보는 것이다. 부담스러울 수 있겠지만 넓은 마음으로 해보는 것이다. 서로의 거리를 어느 정도 유지할 때 부부관계도 개선시킬 수 있다. 모든 인간관계에서도 정도껏 거리를 두는 것이 관계 맺기에 유익한 것처럼 부부관계도 마찬가지인 것이다. 부부 사이도 예의를 지키고 매너 있게 말하고 행동하는 것이 바람직하다.

적당한 밀당도 필요한 것이다. 부부 사이의 긴장감이 때로는 사이를 더 좋게 만들기도 한다. 가장 아름다운 부부는 서로를 이해하고, 깊은 대화로 마음을 이해해주는 것이다. 그저 인간 대 인간으로 서로 이해하는 부부가 되어간다면 친구 같은 모습으로 함께 나이 들어갈 수 있을 것이다. 남성과 여성의 언어는 다르다. 여성의 언어와 남성의 언어가 다르다 보니 서로 이해를 할 수 없는 게 어쩌면 당연한 것이다. 남성과 여성의 언어가 다르다는 것을 이해하지 못했기 때문에 소통보다 불통이었던 때가 많다.

나이가 들면서 가장 느끼는 것은 인격체로 존중하면서 서로를 세워주는 부부가 되고 싶다. 지금까지 살면서 실망한 것도 많고, 부족한 부분도 있었지만 남은 세월은 친구처럼 서로를 위하는 부부로 남고 싶은 바람이다.

의존적이었던 나는 나이가 한참 들어서야 독립적이고 주체적인 사람으로 바뀌어야 한다는 것을 뼈저리게 깨달았다. 그리고 변하고 있는 중이다. 독립적인 사람이 된다는 것은 한 인간으로 존중받는 것과 경제적인 의존에서 벗어나는 것도 포함된다. 남편의 벌이에 100% 의존하게 되면 을과 같은 입장이 되어 눈치를 보기도 하고 주눅이 들기도 했다. 생활비를 무조건 아껴야 한다는 생각만 했지 더 벌 생각은 하지 못했다. 내가 경제적 활동을 제대로 하는 사람이 되어야 당당하고, 하고 싶은 것을 맘껏 누리는 삶을 살게 된다.

아이들이 원하는 것과 하고 싶은 것을 모두 해주고 싶었다. 능력 있는 엄마의 모습을 보여주고 싶었다. 독립적인 엄마가 당당한 자신감으로 가정을 이끌 수 있게 된다.

결국에 인간은 홀로서기를 하게 된다. 외로움과 홀로서기는 다르다. 홀로 선다는 것은 삶의 중심을 잡는 것이다. 홀로서기가 자유로울 때 같이 더불어 함께도 할 수 있게 되는 것이다. 비로소 홀로 설 수 있을 때 자신에 대한 돌아봄을 할 수 있게 된다.

홀로 서는 것이 익숙하게 되면 나를 직관적으로 바라볼 수 있게 되는 것이다. 과거의 나를 솔직하게 받아들이게 되고 상처 또한 삶의 일부분으로 받아들여져 더 인간적으로 느끼게 된다. 그래서 홀로서기는 가장 나를 온전히 바라보게 되는 의미 있는 시간이고 꼭 필요한 훈련이 되는 것이다. 홀로서기야말로 완전한 인격체의 독립이라고 생각한다.

인간은 어차피 혼자였고, 혼자 남아 살아가게 되는 것을 미리 깨달으면 마음이 한결 편하다. 서로의 인격을 존중해주고 서로를 세워주는 것이므로 각자의 홀로서기는 중요하다는 것을 알아야 한다.

아내도 남편도 이제는 혼자만의 시간과 공간으로 자신의 삶을 사색하고 자신만의 취미로 시간을 보낼 줄 알아야 한다. 서로의 내면이 성장할 수 있는 시간을 가지는 것이다. 서로를 위해 성장의 시간과 명상의 시간을 갖는 것도 좋은 선택이 될 수 있다.

오래 산 부부도 각자의 삶을 존중하고 이해해주게 된다면 성장한 아이들도 부모의 모습을 보며 배우게 될 것이다. 부모는 아이들의 거울이 될 수밖에 없다. 아이들은 엄마, 아빠의 모습을 보며 무의식적으로 닮아가는 것이다. 그래서 더 좋은 것을 물려줄 수 있는 부모가 되어야 하는 것이다. 우리는 부모로서 아이들을 건강하게 잘 키워야 하는 역사적인 사명을 가지고 있다. 아내가 행복하고 남편을 존중하는 모습에서 우리 아이들의 미래는 밝을 것이고 건강한 우리 사회가 만들어지게 될 것이다.

남편을 대하는 방법도 지혜롭게 한다면 더 이상 힘들고 이해하기 힘든 부부가 아니라 서로를 더 잘 알아가는 동반자가 될 것이다. 함께하는 뒷모습이 아름다운 부부가 되어가는 것이다. 남편도 고객을 대하듯이 매너를 갖추고 섬겨보는 것이다.

05

혼자 잘 노는
엄마가 남편과도
행복하다

25년 전, 내가 20대일 때에는 수동적이고 의무적인 스타일의 여성을 여성스럽다고 선호하는 시대가 있었다. 이런 여성의 상당수는 자기 의존적이고 자기 결정권을 내세우지 않는 것이 여성성을 드러내는 것이라는 관념을 가지고 있던 때이다. 혼자 지내지 못하는 여성의 의존성을 어떠한 면에서는 사회 구조의 산물로 보는 관점도 있었다. 여성은 어린 시절부터 엄마와 자매, 친구 등 타인과 함께하는 공동의 경험을 쌓을 뿐 혼자만의 선택을 해본 적이 많지 않아 스스로 판단하고 행동하는 데 원초적인 불감증을 가질 수밖에 없다는 것이다. 이런 태도는 성인이 되어서도 이어지게 된다.

　나도 결혼을 도피처로 생각하기도 했고, 남편에게 의존하려는 경향이 많았다. 연약한 존재의 모습을 가지기도 했고 독립적인 생각으로 인생을 주도적으로 살지 못했다. 결혼하면 육아와 살림만 사는 현모양처가 되는 바람을 가지고 있었던 것이다. 예쁜 앞치마를 하고 맛있는 음식을 하고 남편이 오기만을 기다리는 모습이기를 원했다. 뭐든지 남편과 함께하고 싶었고 같이하는 것이 마음이 편했던 것이다.

　이런 나의 의존적인 모습과 수동적 자세는 내 삶을 채워나갈 나만의 것이 없었다. 그러니 결핍을 인식할 때마다 곁에 누군가의 책임으로 돌리게 되는 경우도 많았던 것이다.

　기혼 여성들의 대화가 주로 아이 자랑이나 남편의 험담, 시댁의 험담으로 채워지는 이유인 것이다. 이렇게 의존적인 모습과 수동적 자세가 있는 여성은 삶을 채워나갈 자신만의 콘텐츠가 없다. 그래서 결핍을 인식할 때마다 곁에 누군가의 책임으로 돌리게 되는 경우가 많은 것이다.

　혼자 못 노는 아내는 남편을 꼼짝 못 하게 하는 아내라는 양면성을 가지고 있다. 혼자 하는 즐거움을 경험하지 못하니 남편이 뭔가에 몰입하는 것을 이해하지 못하고 배신감까지 느끼게 된다. 그녀의 마음속에는 아직 어른이 되지 못한 어린아이의 모습이 자리 잡고 있는 것이다. 결국 내 마음 속에도 이런 어린아이의 미성숙함이 존재하고 있었다.

지금 생각해보면 결혼 생활과 아이를 키우는 시기가 마냥 즐겁지 않았다. 상대를 이해하기보다는 나만의 생각으로 오해를 했던 적도 많았다. 내 생각만으로 답답한 생활을 한 것이다. 시간과 세월을 보내면서 내 스스로가 깨닫는 데 많은 시간을 보내게 된 것이다. 즐거움의 시간도 있었지만 내면을 채우는 의식은 성장하지 않고 그대로였다. 의식의 성장과 내면의 깨달음 없이 살아왔으니 변하지 않는 인생은 어쩌면 당연한 것이다. 인간은 의식의 성장을 통하여 더 나은 삶으로 나아갈 수 있다.

나의 내면을 채우는 생각은 자신이 가진 에너지와 열정보다 더 중요한 요소가 된다. 생각이 부정적인 사람이라면 열정과 에너지가 많다 하더라도 부정적으로 흘러갈 것이 분명하기 때문이다. 내면의 생각이 바뀌어야 삶이 바뀌는 것이다.

이제 나이 오십이 지나서야 큰 자아 성찰을 할 수 있게 되었으니 참 많은 시간을 돌아왔다 할 수 있다. 변함없는 내 삶이 지친 나를 돌아보게 한 것이다. 내가 살아온 모습을 적나라하게 보게 되었을 때 과감하게 나는 뒤도 돌아보지 않고 다른 삶을 살겠노라 결심하게 되었다. 이런 용기는 내 삶의 못난 부분까지 몸서리치게 이해가 되면서 가능하게 된 것이다. 그렇게 해서 독립적인 생각을 하게 되었다.

빠른 실행력으로 지금까지의 내 모습과 내면을 바꾸려고 무던히 노력하고 있다. 하지만 이러한 과정과 순간들이 내게는 즐거움이 되고 기쁨이 된다. 내가 진정한 존재의 가치로 살아 있음을 느끼고 있는 것이다.

내가 가장 원하는 것을 성취할 때 얻는 만족감은 이루 말할 수 없다.

혼자서도 잘 노는 여자, 혼자서도 잘 노는 엄마, 이것은 비단 엄마뿐만 아닐 것이다. 남편도 마찬가지일 것이다. 스스로의 삶을 만들어가는 사람의 주체는 오직 '나'이기 때문이다.

혼자서도 잘 노는 엄마에게는 특별한 매력이 있다. 혼자서 보낸 시간이 만든 자신감이 독특한 취향만큼이나 분명하게 얼굴과 표정에 드러나기 때문이다.

혼자인 것을 새로운 기회로 받아들이는 연습을 하는 것이다. 이것을 통해 여성 자신이 좋아하는 것을 하면서 자신의 내면까지 다채롭게 채울 수 있게 된다. 내면 성장의 기회가 되는 것이다. 자신의 삶을 꾸며나가는 경험과 시간을 통해서 더욱 성숙하게 된다. 이러한 다양한 체험들을 통해서 자신 만의 새로운 콘텐츠를 개발할 수 있다. 관계에 의존하지 않고 자신을 바라보고 성장하는 시간을 만들어가는 것이다. 이것은 좋아하는 것을 나중으로 미루기만 하는 남편도 해당된다. 은퇴를 하더라도 수십 년을 더 살아야 하는 세상이 되었기 때문이다. 길어진 인생을 어떻게 살 것인지 계획해야 한다. 무엇보다 체력을 길러야 할 것이다. 건강이 기본이 되지 않으면 모든 것은 무너지기 때문이다. 건강은 건강할 때 지키는 현명함이 필요하다. 앞을 내다보면서 자신의 건강은 스스로가 지켜야 하는 것이다.

혼자 하는 배움을 찾고 실력을 쌓아갈 수 있는 분야가 너무나 많다. 전문가가 되려고 마음을 먹으면 할 수 있는 것들이 널렸다. 요즘은 온라인에서 할 수 있는 일들이 그만큼 많다.

배울 수 있는 취미들도 많고, 새롭게 도전할 수 있는 일도 많다. 자신에게 맞는 분야를 찾아보는 것이다. 블로그에 글을 써보는 것, 자신의 취미를 알려보는 것, 독서 모임을 가져보는 것이다. 줌 원격으로 하는 수업들도 다양해서 원한다면 배우고 할 것은 많다.

나의 가장 친한 친구는 바로 나 자신이다. 나와의 관계도 잘 맺는 사람이 되어야 한다. 다른 사람들과의 관계를 맺는 것만큼 나 자신과의 관계

맺기도 중요하다. 모든 삶의 시작은 나로부터이기에 나를 잘 알고 나를 잘 이해하는 것이 먼저다. 스스로가 인정하고 잘 알게 되면 나와 더 친밀한 시간을 만들어갈 수 있다.

혼자일 때가 가장 즐겁고 생산적인 일을 해내는 밀도 있는 시간을 가질 수 있다. 책을 읽고, 취미를 갖고, 음악을 들으며 행복한 시간을 즐기는 것이다. 다양한 모습으로 내 시간을 즐기는 것이다. 혼자서 노는 것을 잘하는 엄마는 그 삶이 다채로울 수밖에 없다.

지금껏 우리의 삶이 한 방향을 향하고 있었다면 이제는 다른 방향의 삶도 살아보는 것이다. 하고 싶었던 운동을 해보고 가고 싶었던 여행도 해보는 것이다. 만나고 싶었던 사람도 만나 보고 하고 싶은 것도 맘껏 해보는 것이다. 이제는 우리의 마음이 살아온 세월에 많이 깎이고 부드러워져 모든 것을 포용할 수 있는 사람이 되었다.

혼자만의 시간을 더 의미 있게 보내는 것에 인생의 가치를 두고 사는 것이다.

지금의 60, 70대의 엄마들은 남편들과 참고 살아온 세월로 정서적인 이혼을 하고 있는 부부도 많다고 한다. 그래서 한동안 졸혼이라는 말이 유행했었던 적도 있다. 그만큼 참고 살아온 엄마들이 많다는 것이다. 사람의 심리에는 항상 보상심리가 작용한다.

서로에 대한 기대치를 내려놓지 못하고 참고 살아오게 되는 것이다. 부부는 힘들어도 자신의 정신건강을 위해 내려놓음을 해야 한다. 남편을 인정하고 나의 진정한 홀로서기가 필요하다. 함께해서 좋기도 하지만 각자의 삶도 존중하는 부부가 되는 것이 바람직하다. 사람은 쉽게 변하기 힘들다. 그런데도 남편이 변하는 것을 기대하는 엄마들이 많이 있다. 하지만 내려놓고 인정하는 것으로 인해 내 마음이 자유를 얻을 수 있다는 것을 알아야 한다. 남편도 똑같은 마음일 것이다. 서로를 존중하면 마음도 편하고 나를 더 사랑하는 존재가 될 수 있다. 나를 사랑하는 것이 우선이 되면 삶의 기쁨을 더 빨리 느낄 수 있게 되는 것이다. 서로를 이해하고 존중하면서 자신이 독립적인 홀로서기를 해야 한다.

어차피 혼자인 것을 이해한다면 마음 편히 서로를 대할 수 있을 것이다.

06

빨리
성공하는 엄마의
습관 5가지

아이들을 키우면서 나를 돌보는 삶에 소홀했다면 이제는 엄마의 성공하는 삶을 돌아보아야 한다. 자기 자신을 돌아보고 하고 싶은 것을 찾고, 가진 재능을 펼쳐나가는 것에 집중해보는 것이다. 재능이 없다고 해도 걱정할 것 없다. 재능을 계발하면 된다.

자신의 마음과 직관을 따르는 용기가 가장 중요하다. 내가 진정으로 원하는 그것이 무엇인지 마음은 이미 알고 있다. 그러나 그것을 드러낼 용기가 없을 뿐이다. 세상의 모든 것을 다 알 필요는 없다. 내가 살면서 겪었던 일과 경험을 한 사람은 오직 나 자신이고 생각하는 것의 모든 것의 주인은 나이기 때문이다. 이 우주에서 단 하나뿐인 소중한 존재인 당신의 꿈을 펼치는 것은 아주 당연한 것이다.

무엇을 해야 할지 막막하다면 관심 분야를 먼저 찾아보는 것이다. 좋아하는 것, 잘할 수 있는 것을 먼저 찾아 관련된 서적을 깊게 파고 읽는 것이다. 30권 정도의 수직 독서를 해보는 것이다. 그 분야에 관한 정보를 얻고 체계화시켜 나만의 것으로 정리해보는 것이다. 이렇게 관련 서적을 읽고 분석하면 단기간에 내가 잘하는 것을 찾고 습득을 하게 된다.

어느 정도 전문 지식이 쌓였다면, 작게 작게 실행하는 것이다. 요즘은 온라인 세상이기 때문에 온라인상으로 나를 알리는 일이 쉬워졌다. 블로그에 글을 쓰거나, 내가 아는 정보와 지식, 경험을 전달하는 메신저의 역할을 누구나 쉽게 할 수 있는 시대이다.

이런 스킬의 능력치로 다양한 플랫폼으로 나를 알리는 것이다. 나를 세일즈하는 것이다. 인생의 모든 것이 세일즈이다. 무엇이든지 팔아야 수익을 얻을 수 있기 때문이다.

두려워 말고 일단 덤벼보는 것이다. 시작하는 두려움에서 벗어나 포기하지 않는 용기를 가지면 되는 것이다. 도전 없는 삶은 변화를 기대할 수 없고 도태된 삶을 살게 될 뿐이다. 아무것도 시도하지 않고 결과를 바라는 마음은 버려야 한다. 먼저 실행하는 자가 좋은 결과를 빨리 얻을 수 있다는 것을 기억하고 하루 빨리 시작부터 하는 것이다.

엄마들의 빠른 성장을 위한 성공하는 습관을 정리해보았다.

첫 번째, 엄마의 의식을 통째로 바꿔라.

우리의 의식 수준이 어디까지 와 있는지 살펴보는 것이 중요하다. 아직까지도 보수적인 생각으로 구시대적 발상과 옛날 교육 수준에 머물러 있는 엄마들이 의외로 많다는 것을 알고 깜짝 놀랐다. 가까운 엄마들과 얘기해보면 많이 달라지기는 했다. 그래도 아직도 보수적이고 아주 상식적인 생각에만 머물러 있는 엄마들도 있다는 것에 실망스럽기까지 하다. 세상은 이렇게 초고속으로 바뀌어가고 있는데 엄마들은 그 속도에 발맞추지 못하고 있는 의식 수준이 안타까운 것이다. 이것은 생각하는 범위와 방향을 절대 바꾸지 못하기 때문이다. 물론 생각의 변화가 혁신적인 엄마들도 간혹 있다. 하지만 아직까지는 공부 잘하는 아이로 키우고 싶고, 좋은 학교를 나와 좋은 직장으로 안정적인 삶을 살기를 원하는 엄마들이 많다.

잘못되었다고 반박하는 것이 아니라 지금의 시대와 맞지 않다는 것을 솔직히 말하고 싶은 것이다. 빠르게 변화하는 지금의 시대에 우리나라의 교육은 아직까지도 후진국의 수준에 머물러 있다는 것이 안타깝다. 아직도 공무원이 안정적이고 최고의 직업이라고 인식하고 있다는 것이다. 급격히 바뀌고 있는 사회에 다양성을 인정하고 받아들여야 한다. 새로운 직업들이 창직되고 있는 세상이다.

이 흐름을 읽지 못한다는 것은 어리석다고 할 수밖에 없다. 안정적인 것만 찾는다면 세상살이의 많은 변수에 대응할 수 없다. 그래서 엄마들이 삶의 최전선에서 의식을 통째로 바꿔야 하는 것이다.

의식의 변화와 성장이 없이는 후퇴하는 삶을 살 수밖에 없다는 것을 인식해야 한다. 의식을 바꾸기 위한 노력으로 여러 관점으로 세상과 상황을 파악하는 것이다. 지금 현재 상황과 상태를 분석해보고 여러 가지 생각을 다양하게 해보는 것이다. 독서를 통해 다양한 생각을 해보는 것이다.

두 번째, 뚜렷한 목표를 세워라.

나는 이제껏 살아오면서 삶의 목표를 세우고 살지 않았다. 생각대로 살아온 것이 아니라 사는 대로 생각하며 살아온 결과이다. 목표가 없었으니 별다른 성장도 변화도 없었던 것을 이제야 깨닫게 되었다. 생각한 대로 사는 것이 아니라 그저 사는 대로 생각하며 살아온 것이다. 삶의 목표를 정하는 것은 푯대를 향하여 달리는 것과 같은 것이다. 삶의 목표가

정해지면 목표를 이루기 위한 구체적인 방법을 연구하게 된다. 아주 자세하게 문제를 해결할 방안을 찾게 되는 것이다. 이것은 자신의 삶을 대하는 자세도 달라지게 된다. 의식의 전환은 우리 삶을 바라보는 각도를 여러 방면에서 살피게 되므로 삶을 대하는 자세가 진지해지는 것이다. 삶을 진지하게 대하는 자세는 뚜렷한 목표를 설정하게 한다. 현재의 문제점을 파악하고 해결할 목표를 설정할 수 있게 되는 것이다. 목표가 설정되었다면 절반은 이룬 것과 같다. 내가 아는 것과 모르는 것을 분명히 알고 설명할 수 있는 정도가 되면 목표를 실행하는 것이 훨씬 수월해질 수밖에 없다. 정확한 목표를 이룰 수 있는 방향을 정했기 때문이다. 이제는 실천하는 구체적인 방법을 세우고 전력 질주만이 남아 있다.

세 번째, 목표를 이룰 시스템을 만들어라.

내가 사업을 일 년 정도 했을 때 사업도 반복의 구성, 시스템으로 이루어진 것을 알게 되었다. 고객을 찾고 고객과 신뢰 관계를 맺고 고객의 필요에 따라 제품을 소개하고 고객의 문제가 내 상품으로 해결이 된다. 그리고 입소문으로 고객이 다시 연결되는 것이다.

이런 시스템으로 반복이 되는 것을 알게 되면서 반복되는 사이클을 내가 직접 하기보다는 대신할 수 있는 무언가를 찾고 대체할 것을 생각해보게 되었다. 내가 운영하는 사업은 일대일 맞춤 발 교정구여서 고객과의 대면 영업이 주를 차지하고 있는 것이다. 고객의 명단과 자동으로 고객을 관리하는 것부터 작은 것까지 하나의 흐름을 만드는 것이 중요함을 알게 되었다. 주어진 목표도 사업도 목표를 구체적으로 쪼개어 성과를 내는 것으로 흐름을 잡아가는 것이 중요한 것이다.

우리는 자신이 무엇을 하고 싶은지, 무엇을 원하는지 스스로의 질문에 솔직한 훈련이 되지 않아 무엇을 해야 하는지 모르는 것이 사실이다. 이것은 사회적으로 습득해온 것이라 할 수 있다. 천편일률적인 교육을 받아온 결과이기도 한 것이다. 이제는 좀 더 내가 원하는 것을 찾는 지혜가 필요한 것이다. 꿈과 목표를 설정했다면 작은 것부터 하나씩 목표를 성취하는 디테일한 방법을 찾아보는 것이다. 단기, 중기, 장기의 목표를 정한다. 가장 중요한 것은 단기에 작은 성공들을 만들어가는 것을 중점에 두어야 한다. 단기 성공의 성과를 만들지 못한다면 중기와 장기의 계획을 세우기 힘들기 때문이다.

현금 흐름이 있다면 유지하면서 조금씩 구체적 계획을 세우는 것이 좋다. 목표 설정과 함께 시스템에 의한 작은 실천들이 모여져 성취감을 얻는 것이 중요한 것이다. 이러한 작은 성취는 또 다른 실행을 불러오는 힘이 되기 때문이다. 열정보다는 작은 성공의 경험을 만들어가려고 노력하

라. 그 작은 성공이 더 큰 성공을 가져다줄 것이다.

 네 번째, 지금 당장 움직여라.

 할까 말까 망설이는 습관은 인생에 결코 도움이 되지 않는다는 것을
명심해야 한다. 우물쭈물하다가는 시간은 가고 아무것도 남아 있지 않
게 되는 것을 기억해야 한다. 계획성 있게 목표를 이룰 구체적인 시스템
을 만들면서 실행을 하는 것이다. 그냥 실행해보는 것은 많은 배움을 얻
게 한다. 실행한 뒤의 실패는 실패가 아니다. 성공으로 가는 과정의 일부
분으로 여겨야 한다. 두려워하지 말고 덤비는 것이다. 두려움은 내가 가
는 성공의 길에 작은 장애물일 뿐이다. 실패를 통한 배움은 나를 더 단단
하게 만들어주는 자양분이 된다. 시작도 하지 않고 실패의 두려움을 가
진 것만큼 미련한 것도 없다.

 엄마의 역량으로 아이를 키우는 열정으로 자기 자신을 위한 성공 시스
템을 만들고 몸에 익혀야 한다. 그것이 당신의 놀이가 되고 잘하는 분야
로 성장을 시키는 것이다. 인생의 시간이 늘어났기 때문에 멀리 보고 준
비하는 엄마가 되어야 하는 것이다. 당신의 가능성을 백분 발휘할 준비
를 해야 한다. 빠른 실행력은 당신을 성공의 지름길로 인도할 것이다. 절
실함이 있다면 더 빨리 성공으로 이끌 것이다.

다섯 번째, 반복하라.

지금까지 말한 엄마의 성공 습관을 반복하고 반복하는 과정만이 남아 있다. 계속 반복하면서 할 수 있는 일은 내가 즐거워하는 일이 가장 효율성도 높을 것이고 일하는 즐거움과 만족감도 높기 때문이다. 의미 있는 삶과 물질적인 만족을 누리는 일을 하면서 살고 싶지 않은가? 일이 엄마의 놀이가 되고, 엄마의 일하는 일터가 놀이터가 되는 것이다. 자신이 원하는 삶과 꿈을 찾는 것이 가장 빠른 성공과 성취를 이루는 길이 된다는 것을 잊지 말아야 한다. 노후를 책임질 수 있고 노년이 되어서도 당당한 엄마로 자기의 일을 하는 엄마가 얼마나 멋있을지 상상해보길 바란다. 이제는 이러한 엄마의 모습이 당신이 되어야 한다. 이런 엄마의 모습을 아이들에게 물려주어야 하는 것이다. 엄마의 정체성을 육아로 덮어버리며 살지 말고 꾸준히 자신을 빛나게 해줄 재능을 찾고 즐겁고 행복하게 일하는 것에 온 힘을 다해야 한다. 나를 찾아가는 이 행위가 너무 행복한 과정인 것이다.

엄마들의 육아하는 그 시간이 가장 소중한 시간이고 아이들에게도 가장 중요한 시기가 될 것이 분명하다. 엄마의 영혼까지 갈아 아이를 육아하는 것은 아이들에게 보상을 기대하는 심리와 같다. 아이들에게 자유롭게 가능성을 열어주고 창조적인 사고를 길러주는 개방적인 육아를 해나가야 한다.

빨리 성공하는 습관으로 엄마의 인생이 변화되고 기쁨이 넘치는 삶을

살아야 할 것이다.

07

현명한
엄마는
돈 공부한다

엄마의 육아와 살림은 매일 쳇바퀴 같은 삶의 반복이 일상이 된다. 이런 지루한 일상은 생각이 단순해진다는 문제가 생길 수 있는 것이다. 우울한 마음이 심해지면 우울증까지 걸리게 된다. 단순한 집안일과 육아가 반복이 되면서 문제를 해결하려는 의지가 없어지게 되는 것이다. 한 달이 되고 두 달이 되어도 변하지 않는 일상의 반복이 우울한 생각으로 가득 차게 된다.

우울감이 지속되다 보면 내가 정체되는 느낌이 오게 되고 선택을 제대로 할 수 없는 상황에 부딪히게 된다. 삶이 점점 가라앉는 느낌이 너무 싫은 것이다. 가랑비에 옷 젖듯이 우울감이 생기게 된다. 엄마들은 나름 열심히 하는데 뒤쳐지는 느낌이 들게 되고 반복되면 우울한 마음까지 생기게 된다.

이것은 삶의 보이는 것의 질적인 면이 아니라 보이지 않는 것의 질을 채우는 데 많은 공부를 할 필요가 있다. 내면의 의식 성장이 꼭 필요한 것이다. 의식의 성장과 마음이 단단하지 않으면 멘탈이 흔들리게 되고 쉽게 좌절하게 되는 것이다. 예전에는 아이를 잘 키워 좋은 학교를 보내면 엄마도 성공했다고 하던 시대도 있었지만 지금의 엄마들의 모습과 생각은 많이 달라졌다. 아이의 삶도 중요하지만 나의 삶도 찾고 싶어 하는 엄마들도 많아지고 있다. 내 삶이 먼저 구축이 되어야지만 아이에게도 더 좋은 엄마가 되어 줄 수 있다고 생각한다. 이러한 미묘한 감정에 엄마들은 갈등하게 되는 것이다.

이럴 때 삶의 전반적인 모습을 바꿀 수 있는 것을 찾아야 한다. 그것이 바로 돈 공부가 될 수 있다. 육아를 하면서 돈 공부를 하고 수익을 창출하게 된다면 자존감을 높일 수가 있게 된다. 돈은 생존의 가장 필요한 충족 이상의 것을 제공하기 때문이다. 돈을 싫어하는 사람은 없을 것이다. 돈이 벌리는 시스템을 만드는 돈 공부는 가장 시급한 공부이고 꼭 해야 하는 공부이기도 하다.

자본주의 사회에 엄마의 돈 공부는 선택이 아니라 필수이다.

돈이 모이면 꼭 나가는 곳이 생기게 되고 통장의 잔고에는 돈이 쌓일 날이 없었다. 씨가 마른다는 말처럼 항상 모자라는 것이다. 열심히 몇 년을 모으면 이런 일이 기다리고 있던 것처럼 돈이 한 번에 나가게 되는 경험을 몇 번 하게 되었다. 그 후로는 돈 관리에 대한 의미를 가질 수 없었다. 하지만 나이가 들어 돈 공부는 젊어서부터 준비해야 하는 필수 공부임을 깨닫는다.

돈을 어떻게 모아야 하고, 어떻게 현명하게 써야 하는지 알아야 한다. 진정으로 돈을 쓰는 방법을 알아야 한다는 것이다. 남들에게 보이기 위한 고가의 물건을 사는 것보다 미래의 나를 위한 투자로 돈을 써야 한다. 이렇게 선순환을 이루어야 하는 것이다.

순서만 바꿔도 부자가 될 수 있다. 나에게 먼저 투자하는 선투자가 필요하다. 나에게 투자를 하는 것은 돈이 다가 아니다. 나를 위한 것이 되어야 한다. 엄마가 우선순위에 있어야 한다. 나를 위한 투자로는 책을 읽는 것이다. 독서를 통한 가장 쉬운 자기계발과 돈 공부를 하는 것이 필요하다. 요즘은 유튜브나 온라인에서 배울 수 있는 경로가 많이 있다. 돈 버는 방법에 관한 책들이 시중에 나와 있고 저자의 간접 경험을 통해 실패를 줄여주는 배움을 얻을 수 있는 것이다.

엄마 자신을 위한 투자로 가장 중요한 것은 항상 건강을 챙겨야 하는 것이다. 건강을 잃으면 모든 것을 잃는 것과 같다. 요즘 주변에 40, 50대의 젊은 사람들이 암으로 투병하는 것을 많이 보아왔다. 평소 건강관리를 우선으로 해야 하는 것이다. 또 가까운 여행이나 취미 생활을 하는 것으로 나만의 시간을 확보하는 것이다. 자신을 위한 투자를 하고 시간과 돈을 분리하는 시스템을 만들어야 한다. 이런 삶의 시스템을 구축해야 하는 것이다. 삶과 돈의 균형이 만족할 만한 생활을 이끌어갈 수 있게 되는 것이다. 이러한 시스템의 구축은 삶의 효율성을 높이게 된다. 그래서 단계별로 돈 공부를 하는 것이 중요한 것이다.

돈은 교환의 대상이 아니라 기회의 대상이 되기 때문에 돈의 가치를 공부하고 돈을 모으는 방법에 대한 돈 공부를 제대로 해야 한다. 경제적인 자유와 행복으로 가는 힘은 엄마의 돈 공부에 달려 있다.

지금까지 내가 돈을 못 벌었다면 그 이유는 무엇일까?

가장 솔직한 대답은 문제는 나에게 있다. 돈을 버는 것은 누구보다 강한 집착이 있어야 한다. 그런데 나는 돈을 벌어야 한다는 강한 집착이 없었다. 오히려 가진 것이 없음에도 감사하게 생각해야 한다는 돈의 가치관을 가지고 있었다. 나는 돈에 대한 욕망을 표현하는 것에 부정적인 의식을 가지고 있었다. 돈을 많이 가진 사람은 부정적인 방법으로 돈을 벌었을 거라는 생각을 하고 있었던 것이다. 돈을 사랑하는 것은 죄악에 가깝다고 생각하기도 했었던 것이다. 이런 부정적인 생각으로 돈에 있어서만큼은 매우 수동적인 생각을 가지고 있었다. 나는 돈을 벌려고 하지 않았다. 돈이 아닌 다른 중요한 무언가의 가치가 있다고 믿었기 때문이다. 그래서 돈을 벌 수 없었던 것이다. 돈을 벌고 풍요롭게 쓰는 것에 대한 당연한 욕망을 감추고 살아온 것이다. 돈에 집착해 돈을 버는 목적으로 사는 인생을 부정하는 생각으로 살았던 것이다. 한마디로 돈에 대한 잘못된 생각으로 살아온 것이다.

시간이 지날수록 경제적으로 궁핍하고 삶은 여전히 가난을 벗어나지 못하는 현실에 혹독하리 만큼 비참해지는 것이다. 지금껏 지나온 시간들이 무의미해지고 경제적인 궁핍을 해결하기 위해 의미 없는 노동으로 내 삶을 이어가기 위해 시간만 허비하고 있었던 것이다. 풍요로운 삶과는 거리가 먼 악순환의 굴레에 빠지게 된 것이다.

그래서 현명한 돈 공부는 꼭 필요하고 경제적인 자유를 누리기 위한 첫걸음이 된다. 자본주의 사회에서 돈의 중요성을 빼고 우리의 삶을 이야기할 수 없다. 우리 삶은 돈이 없으면 불편한 삶을 살 수밖에 없다. 돈을 바로 이해하고 돈을 올바르게 벌고 지키는 것이 중요하다.

자기계발에 대한 투자는 기본이고 부동산, 주식, 경매 등의 재테크 금융 지능과 세금 공부도 해야 하는 것이다. 각종 보험 상품이나 책을 통해 부의 지능을 훈련시켜야 하는 것이다.

아는 만큼 열정을 갖고 실천하게 되는 것이 돈 공부이고 돈의 습관이 될 것이다. 월급과 부채, 시간과 재무 목표에 따른 돈 공부와 돈 관리에 대해 스스로 터득해야 하는 것이다.

경제 기사에도 관심을 가지고 저평가된 주식도 공부하면서 다양한 아이디어에 투자할 줄 알아야 하는 것이다. 길게는 노후의 준비까지 세팅하는 마음으로 미래를 계획해야 할 것이다. 돈 공부로 미래를 준비하는 것이다. 엄마의 돈 공부는 돈에 대한 자신감이 올라가고 엄마의 자존감을 높이는 꼭 필요한 공부인 것이다. 돈 공부하는 엄마가 다음 세대인 아이들의 경제 교육도 올바르게 가르칠 수 있게 되는 것이다.

엄마의 돈 공부, 경제 공부를 통해 아이들에게도 경제 공부를 꼭 시켜야 하는 것이다. 왜냐하면 우리 세대는 주먹구구식 투자를 해왔기 때문이다. 아이들의 세대는 이런 투자는 분명 소용이 없을 것이고 제대로 경제 공부를 해야 한다.

학교에서는 살아 있는 경제 지식을 공부하기 어렵다. 학교에서 배운 경제 지식으로 부자가 될 수 있었다면 많이 배운 경제학자들이 다 부자가 되어 있어야 할 것이다. 아이들이 필요한 실질적인 경제 지식은 교과서에는 없기 때문이다. 엄마의 돈 공부로 아이들의 경제 교육에 책임을 다해야 하는 것이다.

4장

엄마의
인생 끝점을
살아라

01

딸아,
너의 꿈을
포기하지 마!

    남편은 항상 딸아이에게 여자에게 안정적인 직업으로 공무원이 되라고 잔소리처럼 말했었다. 이렇게 말하면 딸아이는 너무 싫어했다. 딸아이가 원하는 직업이 아닌데도 불구하고 강요하듯이 말하는 것이다. 딸아이에게 할 수 있는 말이지만 싫어하는 아이에게 자꾸 말하는 것은 듣기 싫은 잔소리가 될 뿐이다. 이렇게 아이를 존중하지 않고 부모의 생각만을 강요하는 경우도 있을 것이다. 하지만 이것은 잘못된 생각이라는 것을 깨달아야 한다. 가족이어서, 자식이라고 평가하는 말을 함부로 하거나 아이 입장을 고려하지 않는 말은 상처가 될 수밖에 없다. 아이도 아이의 인생을 살 권리가 있는데 부모가 강요해도 된다고 생각하는 것은 잘못된 것이다.

부모가 그렇게 살지 못했기 때문에 아이에게 강요하는 것은 보상심리의 일종이라고 볼 수밖에 없다. 아이의 인생을 부모가 간섭하고 책임질 수 있는 일이 아니라는 것을 명심해야 한다. 아이의 창의성과 인격을 존중하는 부모가 못 될지언정 아이의 개성과 가능성을 막아서는 안 된다. 세상은 넓고 할 일도 많기 때문에 아이에게 결정권을 주어야 한다. 이렇게 부모가 강요하는 말이 아이의 잠재의식에 부정적인 한계 설정을 만들게 된다. 아이에게 부정 암시를 주입하게 되는 것이다. 이것은 아이 인생의 걸림돌을 부모가 만들어주는 셈이 되고 만다.

우리도 부모에게 주입된 많은 부정 암시를 잠재의식에 심고 살아가는데 우리 아이에게까지 대물림해서는 안 된다. 어렸을 적부터 우리는 많은 부정 암시와 한계 설정을 하는 말을 듣고 자라게 된다. 열린 마음으로 아이를 있는 그대로 인정하고 받아들이는 것이 필요하다. 지나친 걱정과 참견도 아이에게 부정적인 영향을 줄 수 있다.

무의식인 잠재의식에 각인된 부정적인 한계 설정은 우리의 창조적인 가능성을 막고 아이의 내면에 상처를 남길 수 있다. 우리는 무의식인 잠재의식의 중요성을 이해해야 한다. 사람의 생각은 의식은 10%, 무의식은

90%로 작용하기 때문에 우리는 삶에서 무의식을 잘 활용해야 한다. 잠재의식을 통해 꿈을 상상으로 시각화하고 긍정 확언을 함으로 성공과 꿈의 실현에 가까워 질 수 있게 된다. 이것은 긍정의 에너지를 불러오고 우리 인생의 풍요를 가져다주는 근원이 될 수 있다. 마음의 풍요와 부유함은 거저 주어지는 것이 아니다. 내면의 성공과 풍요의 확언과 의식의 훈련을 통해 얻을 수 있는 결과물인 것이다.

기성세대의 사고방식은 보수적인 생각과 가치관을 가지고 있다. 그래서 열린 마음과 긍정적 사고로 아이를 대하기에 어려움이 있을 수 있다. 우리 또한 부모님의 교육과 가치관을 물려받고 성장했기 때문에 고착화된 의식을 쉽게 바꿀 수는 없다. 하지만 깨달음으로 의식을 고차원으로 상승시켜야 한다. 순수한 깨달음의 지혜 앞에서 자신의 잘못을 즉각적으로 인정하고 변화하려는 노력을 시도해야 하는 것이다. 그래야 무한한 성장의 기회도 얻게 된다. 아이의 가능성과 기회를 부모라는 이유로 아이의 미래를 단정 짓고 한계를 만드는 것은 잘못된 것이다.

아이에게 무한한 생각의 기회를 열어주고 스스로 판단하고 경험하는 과정에서 인생을 찾아가도록 부모는 도와주는 역할을 해야 한다. 우리 딸들은 공부를 강요하지 않고 키웠다. 하고 싶은 것을 할 수 있도록 아이가 정하도록 하는 것이다. 대학도 굳이 강요하지 않았다.

왜냐하면 이제는 대학보다는 아이의 창의성을 길러주고 아이가 선택한 삶이 중요하다고 생각했기 때문이다. 아이가 직접 가능성의 꿈을 꾸고 목표를 향한 구체적인 계획을 세우고 나가서 부딪히며 배우기를 바란다. 아이의 시행착오마저 줄여주고자 충고를 아끼지 않는 부모들도 있다. 그것 또한 아이가 선택할 기회를 빼앗는 것이기도 하다. 실패를 두려워하지 않는 딸들이 되었으면 한다. 실패를 통해 삶의 깨달음을 빨리 알아가기 원한다. 그러나 아이와 소통은 중요하다. 그래서 아이의 이야기를 충분히 들어주려고 노력한다. 또 다른 방향을 제시하고 돕는 역할을 해주는 것이다.

부모는 같이 고민해주고 방향을 제시하고 힘들어할 때 친구가 되어주어야 한다.

나도 한때는 엄마는 아이의 미래를 모두 설계해주고 이끌어가는 매니저의 역할을 해야 한다고 잘못된 생각을 했다. 결과적으로 아이에게 부담을 주어 아이를 더 힘들게 한 것이다. 아침부터 생활 패턴을 짜고 피아노학원, 미술학원 등 아이를 이리저리 내돌렸다.

그러나 결과는 아이가 싫증을 빨리 내고 의욕이 떨어져 쉽게 포기하게 만든 것은 결국 엄마였다. 아이를 존중하는 마음보다는 내가 세운 기준에 맞추어 아이를 키우려했던 것이 잘못이다. 아이의 성공적인 삶을 위해 가장 중요한 것은 엄마가 자신을 받아들이고 자신의 삶을 먼저 이해하는 것에서부터 시작되어야 한다. 엄마의 삶부터 바로 세워야 한다는 것이다. 엄마의 삶과 아이의 삶이 무슨 상관이냐 할 것이다. 그렇지 않다. 엄마의 생각과 가치관이 아이를 키우는 데 지대한 영향을 끼치기 때문이다. 그래서 부모도 배움의 과정을 거쳐야 한다. 나를 제대로 알아가는 것에서 모든 깨달음은 시작된다. 자신의 상처와 과거의 아픔이 치유되지 않으면 결국 다시 실패를 반복하게 되고 인생의 걸림돌을 만나게 된다. 우리의 무의식에 있는 상처와 아픔을 해결하는 치유가 필요한 것이다. 과거의 아픔을 해결하고 오는 것이다. 과거의 상처를 치유하거나 과거의 문제를 해결하는 것이 미래를 위해 아주 중요하다. 과거의 상처와 부정적인 경험이 장기 기억화되어 미래에도 영향을 주기 때문이다. 어렸을 적에 좋지 않은 기억이 있거나 부모로 인해 상처를 받았거나, 친구들과의 관계에서 안 좋은 일들이 무의식에 남게 된다. 과거와 결별하지 않으면 미래와 결별하게 될 것이다. 과거의 상처를 해결하게 되면 긍정의 마음 상태를 유지하게 되고 자신감을 가질 수 있게 되는 것이다.

아이의 미래를 생각하는 부모라면 아이 마음이 다치지 않도록 배려해 주는 마음을 가져야 한 다. 소중한 우리 아이의 미래를 부모가 다양한 시선으로 바라봐주어야 한다. 긍정의 시선으로 아이의 마음을 나눌 수 있는 부모의 생각과 가치관이 무엇보다 중요한 이유이다. 아이의 눈으로 세상을 바라볼 수 있어야 하고 아이가 가진 생각을 키워주는 부모가 되어야 할 것이다.

내가 아는 분은 어렸을 때 엄마의 훈육 방법이 냉정하고 아이의 잘잘못을 먼저 따지셨다고 한다. 어린아이의 마음에는 엄마의 훈육은 상처가 될 수밖에 없다. 엄마의 존재가 커다란 산처럼 느껴지며 엄마의 위압감만 생겨나게 된 것이다. 그래서 그 부족함을 아빠의 사랑으로 채워오다 아빠가 돌아가신 후 생겨버린 공허함과 절망감에서 헤어나오지 못하는 어려움과 고통을 겪기도 했었다. 가장 가까워야 할 엄마와의 관계에 벽이 생겨버린 것이다. 이런 엄마와의 관계는 결혼 후에도 해결하지 못했다. 한참 시간이 지나고 나이가 들어 아버지의 빈자리를 통하여 엄마의 존재감을 깊이 깨닫게 된 것이다. 엄마의 소중함과 엄마의 입장을 생각하게 되면서 엄마를 온전히 이해하게 된 것이다.

그리하여 마음 깊숙이 존재했던 엄마에 대한 증오와 미움이 해결되는 치유의 순간을 경험하게 된 것이다. 엄마와의 어렸을 적 관계의 벽이 허물어지게 되고 그 순간 상처가 치유된 것이다.

우리도 부모에게 보이지 않는 많은 상처와 트라우마를 갖고 성장해왔다. 이것을 우리 아이들에게 대물림하지 말아야 한다. 우리 아이들에게 그러한 굴레를 씌울 수는 없다. 자유로운 존재로서 부모의 삶과 아이들의 새로운 삶을 축복하고 아이의 인생의 충만한 기쁨의 길을 열어주어야 하는 것이 부모다. 그러한 사명감을 가져야 한다. 내 인생이 소중하듯이 우리 아이들의 인생은 더 소중하다. 부모는 사명자로서의 삶을 사는 것이다. 한 생명과 그 영혼이 다치지 않도록 소중히 자라게 할 것을 다짐하는 사명자인 것이다.

우리 아이들은 충만한 기쁨과 느낌으로 행복한 삶을 살았으면 하는 바람이 있다. 아이가 즐기는 일을 하며 자신의 인생을 찾기를 바란다. 잠재된 역량과 능력을 맘껏 발휘할 수 있는 기회가 주어지는 세상을 살기 원한다. 인생을 개척해나가는 열정적인 자세로 살아가는 씩씩한 아이들이 되었으면 한다. 더 나아가 이 나라를 위한 인재로 자라기를 소망한다. 대의를 위한 소망을 아이들에게 심어주는 부모가 되었으면 한다. 나만 잘 사는 것이 아니라 더불어 함께 사는 가치를 찾아가는 훌륭한 아이로 키워야 할 것이다.

딸아, 너의 꿈이 소중하고 너의 꿈을 찾아가는 도전적인 인생을 살아야 한다.

02

자신을
퍼스널 브랜딩
하라

퍼스널 브랜딩의 사전적 의미는 '자신을 브랜드화하여 특정 분야에 대해서 먼저 자신을 떠올릴 수 있도록 만드는 과정'을 뜻한다. 먼저 '나에 대한 정의를 내릴 수 있어야 한다. 퍼스널 브랜딩은 유명인이거나 특정인만이 하는 것이 아니라 이제는 누구나 해야 하고 필요한 것이다. 남이 가진 장점을 부러워하지 말고 자기만의 것을 찾아 브랜딩 하는 것이다. 이 세상에 존재하는 한 사람, 그 한 사람이 나인 것이다. 나의 스토리도 세상에 하나뿐인 것이다. 내가 가진 것에서 찾고, 되고 싶은 모습과 바라는 것을 이루어가는 삶의 과정이라 할 수 있다. 내가 어떠한 자리에 있든지 어떠한 모습이든지 있는 그대로 보여주면 된다. 나의 정체성을 드러내고 보여주는 자리인 것이다.

퍼스널 브랜딩은 흔히 '셀프 브랜딩'이라고도 불린다. 과거의 자기 PR과 달리 나만의 개성과 재능을 브랜드화해 가치를 높이는 것이다. 개인이 경쟁력을 갖출 수 있는 필수적인 플랫폼으로 만들 수 있다.

100세 시대를 살아가는 지금은 퍼스널 브랜딩을 통한 1인 창업으로 비즈니스를 확장할 수 있게 되었다. 아이디어만 있으면 1인 창업을 할 수 있는 시대이다. 나를 알아가는 과정이고 완성된 결과가 아니라 과정을 담는 것이 퍼스널 브랜딩인 것이다.

이제는 다양한 플랫폼이 발전하면서 그 플랫폼을 잘 활용하는 것이 무엇보다 중요하게 되었다. 이것이 시대의 흐름인 것이다. 이런 흐름을 엄마들이 알아차리고 자기만의 이야기로 브랜딩 하는 것이다. 나의 개성과 나다움을 솔직하게 드러내어 나만의 콘텐츠를 만들어보는 것이다. 진정성 있는 콘텐츠에 사람들은 반응하게 되어 있다. 엄마의 꿈 찾기, 가슴 뛰는 일, 나다운 엄마, 당당한 엄마, 자신감 있는 엄마의 모습을 표현하는 방법으로 나를 브랜딩 하는 것이다.

퍼스널 브랜딩을 위한 자기계발을 독서로 채웠다면 내면에 가지고 있는 아이디어들을 아웃풋하는 생산자의 입장이 되는 것이다. 소비자로서만 사는 것은 이 시대의 흐름을 역행하는 것이라 할 수 있다. 퍼스널 브랜딩의 끝판왕은 그야말로 '책 쓰기'라고 할 수 있을 것이다. 자기계발의 시작은 책 읽기, 즉 독서가 되고 자기계발의 끝판왕은 책 쓰기이다. 확실하게 나를 알리고 브랜딩 시키고 싶다면 책을 써야 하는 것이다. 책을 써야 하는 이유이기도 하다. 내가 유명인도 아니고 원래 글을 썼던 사람도 아닌데 그게 가능할까 생각하는가? 이제는 작가만 글을 쓰고 책을 내는 시대가 아니다. 누구나 자기만의 이야기를 한 권의 책으로 낼 수 있는 시대가 되었다. 나의 스토리만 있다면 책을 쓰는 작가가 되는 것이다.

내가 〈한책협〉을 만나 책을 쓰게 된 것도 김태광 대표의 영향이 크다. 〈한책협〉의 김태광 대표는 1,100명의 작가를 배출시키고 1,355권의 책을 출판시키는 대단한 책 쓰기의 일인자이다.

우연히 유튜브를 통해 알게 된 '김도사 TV'와 권마담의 '인생라떼' 구독자가 되면서 책 쓰기를 알게 되었다. "성공해서 책을 쓰는 것이 아니라 책을 써야 성공한다"는 슬로건을 보면서 많은 생각을 하게 되었다. 나는 기존에 사업을 하고 있던 터라 책 한 권을 쓴다면 나를 알리는 가장 큰 홍보 수단이 될 수 있을 것 같다는 생각을 했었다. 그래서 컨설팅 상담을 하고 책 쓰기를 결정하게 된 것이다.

책 쓰기는 나의 인생을 돌아보는 귀한 시간이 되었다. 내 인생이 파노라마처럼 지나가며 인생의 반성과 비움의 시간을 마련해주었다. 신기하게도 지난 나의 아픔과 상처도 치유되는 놀라움을 경험을 하게 되었다.

나의 성장과 인생의 참된 의미를 만들어가는 과정이라는 것이 책을 쓰는 가장 큰 의미라고 생각한다. 가족들을 돌아보며 감사함을 느끼고 남편의 고마움도 생각하게 되었다. 이 모든 것이 소중하고 지금 가진 것에 대한 진실한 감사가 날마다 일어나게 되는 경험을 하게 된 것이다. 이렇게 나를 돌아보게 되니 새로운 것으로 나를 채우는 작업을 시작할 수 있게 된다.

나 자신을 평가할 때 가진 재능이 없다고 생각했었는데 내가 가진 장점들을 하나씩 드러내주는 작업이 책 쓰기이다. 없는 재능도 배움을 통해 나를 채워주게 되었다. 가장 큰 수혜자가 바로 내가 되는 것이 '책 쓰기'인 것이다.

책 쓰기는 신분을 독자의 입장에서 작가로 상승시켜준다. 책 한 권의 위력이 이렇게 어마어마한 것이다. 작가로서 할 수 있는 일들이 많아지게 되면서 작가라는 권력도 주어지게 되는 것이다. 책을 쓰는 것과 책이 없는 것은 하늘과 땅 차이의 차별성을 가지게 되는 것이다. 별 볼일 없는 사람일수록 책을 써야 하는 것이 맞는 것 같다. 책을 쓰고 다른 사람들과의 차별된 특성을 만들고 스펙을 만드는 것이다. 똑똑한 사람이라면 빨리 깨달을 수 있을 것이다. 책 쓰기야말로 1인 창업의 길로 가는 퍼스널 브랜딩의 완벽한 시작이다. 나의 이름값을 높인 상태에서 시작하는 것이기에 비즈니스에 많은 플러스 요인이 작용하는 것이다. 책은 또 신뢰를 주는 도구가 되기 때문에 어떠한 일에도 믿음을 바탕으로 시작하게 된다. 이제는 작가의 신분으로 독자들과 소통의 장을 만들 수도 있게 된다. 구체적으로 나의 일을 다양하게 진행해나갈 수 있는 출발점이 되는 것이다. 책 쓰기의 힘이 이렇게 위대하고 많다. 나의 인생 경험, 재능, 관심 분야, 알리고 싶은 이야기 등을 술술 써나가는 것이다. 한마디로 인생의 종합선물세트가 이 책 쓰기가 아닌가 싶다. 책 쓰기를 통한 나의 브랜딩은 이제부터 본격적으로 준비가 되는 것이다.

나를 알릴 준비가 되었다면 나를 제대로 알릴 수단이 되는 여러 가지 플랫폼을 이용할 줄 알아야 한다. 나를 알리려면 사람들이 많은 곳으로 가야 하는 것이다. 홍보할 수 있는 곳으로 적극적으로 가서 나를 알리고 나의 책의 내용을 이야기하고 나누면 된다.

얼마나 재미있고 홍미로운 일이 될지 기쁘고 즐거운 상상만이 가득하게 된다. 작가로서 여러 곳에 나의 책을 보내고 모교에도 책을 소개하고 홍보하는 것이다. 각종 문화센터에도 소개글과 책을 널리 알리는 것이다. 자신을 알리는 마케팅에 적극적인 작가가 되는 것이 내 책을 많은 사람들에게 전하게 되는 기본적인 작업이 되는 것이다.

그래서 요즘의 다양한 플랫폼을 이용하면 그 파급력이 대단해질 수 있게 된다. 나를 포장하고 나를 적극적으로 알리는 것에서 다른 사람들과의 차별성과 특별함이 묻어나올 수 있게 되는 것이다. 별로 알릴 것이 없다는 소극적인 생각을 버려야 한다. 나를 어떻게 사람들에게 어필하고 진정성을 담아낼 것인지 아이디어를 내는 것이다. 적극적으로 나를 알리는 것에 힘을 써야 한다. 내가 독자들에게 전하고자 한 내용을 담담하게 유튜브에는 영상으로 알리고 블로그에는 글을 통해 마음을 전하는 것이 중요하다. 인스타그램도 활용하게 되면 나를 알릴 수 있는 통로가 많아지게 된다. 방구석 안에서 모든 것이 이루어지는 시스템이 가능하게 된 시대이다. 너무나 놀랍다.

내가 가진 메시지가 누군가에게 위로가 되고, 어떤 사람에게는 내가 걸어온 시행착오를 줄여줄 수도 있게 된다. 그래서 우리가 가진 경험들은 소중하다.

스토리가 없다고 낙담할 것도 없다. 자신이 가진 장점과 인생의 경험들을 찬찬히 찾아보면 그런 인생의 소재 하나는 누구에게나 있다. 두려워 말고 자신의 인생이 담긴 책 한 권을 써보길 강력히 추천한다. 나이가 들면서 더욱 필요한 것이라고 느끼게 된다. 더구나 젊은 나이에 무엇을 해야 할지 정하지 못했다면 자신을 알리는 가장 강력한 무기가 될 수 있는 것이다.

책 한 권으로 새로운 인생을 만들 가능성이 너무 많다. 자신의 가능성을 평가해보는 좋은 도구가 될 것이다. 어떤 인생을 선택할 것인지는 나 자신의 선택이고 결정이다. 무엇을 선택할 것인지 어디로 가야 할지 방향을 정하지 못했다면 자신 있게 책 쓰기를 해보는 것을 추천한다. 자신의 삶을 재점검해볼 수 가장 좋은 방법이 된다. 책을 통한 퍼스널 브랜딩을 적극 활용하고 색다른 1인 창업의 비즈니스에 현명한 도구로 사용하는 것이다.

이제는 나를 브랜딩 하는 것이 많은 사업의 최고 수단이 된다. 내가 하는 일을 알리고 나의 관심사와 하는 일에 관심을 갖는 사람들을 모으는 것이다. 거기에 많은 기회와 돈의 흐름을 파악할 수 있게 된다. 나를 알릴 수 있는 방법을 모두 찾아 알리는 것이 중요하다.

나를 알리는 퍼스널 브랜딩으로 어마어마한 기회를 창출할 수 있게 된다.

이제는 필수가 된 퍼스널 브랜딩이다.

아이는 엄마를 통해 꿈을 배운다

03

끊임없는
자기계발로 몸값을
높여라

꿈을 가진 엄마는 행동하는 실행 능력도 남다르다. 행동력이 그 꿈을 실현하게 하는 원동력이 되기 때문이다. 우리가 하고 싶은 일이더라도 막상 도전해보지 않으면 내가 진정으로 원하는 일인지 알 수 없다. 그래서 일단 부딪히고 경험해봄으로 끝까지 할 수 있는 일인지 가늠할 수 있는 것이다. 빠른 판단력으로 실행하고 수정, 보완하는 과정을 거침으로 자신이 원하고 꿈꾸는 삶에 다가갈 수 있다. 그저 생각만 하는 사람은 생각으로만 끝이 나고 마는 것이다.

우리가 살아 숨 쉬는 한 끊임없이 움직이고 새로운 것을 추구하는 것처럼 자기계발에 최선을 다해야 한다. 삶은 배움의 연속이다. 우리의 삶 후반부까지 즐겁게 할 수 있는 인생의 직업을 찾는 것은 행복이자 축복이라 할 수 있다.

10년 전 나는 시어머니와 함께 식당을 할 때, 매일 반복되는 단조로운 생활과 성격이 맞지 않는 시어머니와 사는 것이 정말이지 힘들었다. 서로 맞추고 사는 것이 쉽지 않았던 것이다. 그래서 이렇게 사는 인생은 미래가 없는 답답한 인생이라는 생각이 들었다. 그래서 남편과 의논 후 우여곡절 끝에 시어머니로부터 독립을 하게 되었다. 결핍과 부족함이 나 자신을 깨닫게 한 것이다. 좀 더 일찍 깨달았더라면 하는 후회가 가장 크다.

성공한 사람들이나 부자들은 대체로 젊은 나이에 고난과 어려움을 겪은 분들이 많다. 오히려 젊을 때의 고생이 삶의 큰 깨달음이 되고 미래의 삶에 크게 작용하는 것을 깨닫는다. 하지만 늦은 나이란 없다고 생각한다. 깨닫는 그 시점을 새로 시작하는 좋은 시기로 생각하고 더 많은 노력을 해 빠른 성공을 이루고 싶다. 사는 대로 생각해서는 결코 삶의 발전은 불가능한 것이다. 생각하는 대로 삶을 이끄는 것이 주체적이고 방향성 있는 삶이 된다. 목적이 있는 인생이 되어야 하는 것이다. 나는 생각을 바꾸고 행동을 변화시키기 위해 많은 책을 읽게 되었다. 책은 나의 멘토였고 유일한 선생님이 되어주었다. 그냥 닥치는 대로 읽었다. 인생을 바꾸고 싶은 간절함이 누구보다 절실했었기 때문이다. 주어진 대로 살기 싫었던 것이다. 변화하고 싶은 간절한 마음에 새로운 나 자신으로 거듭 나길 원했고 다른 인생을 살고 싶다는 마음이 컸었다. 가릴 것 없이 비즈니스, 인문학, 자기계발, 인간 심리 등등 책은 진리를 일깨워주었다. 그 동안 잘못된 생각들로 점철된 내 인생이 크게 전환되는 삶의 계기를 만들어준 것이다.

팀 페리스의 『타이탄의 도구들』에서는 말한다.

"성공하는 방법은 생각보다 간단하다. 단순하게 성과를 내는 날을 그렇지 않은 날보다 많이 만들면 된다. 즉 성과를 내는 하루를 가능한 많이 만들어내는 것이다. 성과를 내려면 하루를 지배해야 하고 하루를 지배하려면 그날 아침을 지배해야 한다. 하루의 첫 60분이 중요하다"고 말하고 있다. 하루의 루틴을 정하는 것이 중요하다는 것을 강조하는 것이다.

이 팀 페리스의 성공에 대한 정의는 참으로 간단하고 명료하게 들린다. 아주 깔끔하면서 핵심이 담긴 말이다.

우리는 보통 성공을 아주 거창한 의미로 생각하는 경향이 있다. 성공이란 작은 성과들이 모여 성공의 기운을 채우게 되고 그 경험과 느낌으로 더 큰 성공을 만들 수 있는 것이다. 자신만의 성공 목표를 정하고 관심 분야의 책을 읽으면서 그 분야의 전문가가 되는 것이다.

내가 원하는 분야를 깊이 있게 책을 읽고 정리해보는 것에서 시작한다. 책 읽는 방법을 통해 전문적인 지식을 습득해 빨리 전문가 되는 것이다.

나는 한동안 성공한 사람들의 성공법에 대해 생각해보기 시작했다. 그들이 하나같이 말하는 것은 꾸준함이었다. 정한 목표에 대한 끊임없는 방법을 개발하고 꾸준히 반복의 반복을 거듭하는 것이다. 반복을 통해 성과를 얻을 때까지 노력하는 것이 전부였다.

꿈과 목표의 의미는 엄연히 다르다. 꿈은 추상적인 면이고 목표는 확실한 목적을 갖는 것이다. 성공적인 삶을 살기 위해서는 우선 명확한 목표를 정하는 것이 가장 중요하다. 목표가 정해졌으면 목표를 이룰 수 있는 구체적인 방법들로 쪼개는 작업이 계획을 세우는 것이다. 계획은 목표를 이루기 위한 작은 단위의 행동들이 되는 것이다. 이런 계획들을 실천하면서 꿈을 이루어가는 것이다. 이러한 원리를 그대로 실천하면서 성공으로 가깝게 갈 수 있게 된다.

성취하고 싶은 결과를 위해 즐기는 마음으로 끝까지 반복하는 것이 가장 필요하다. 조급해하지 말고 끝까지 해내고 마는 근성으로 꿈을 향해 나아가는 것이다.

나는 어느 순간 책만 읽는 것 머리만 커지고 생각만 복잡하게 만든다는 것을 알게 되었다. 책에서 배운 것을 실천해보는 실행력이 절대적으로 부족했던 것이다. 생각만 많아지고 이론만 알게 된 것이다. 결과적으로 아웃풋은 없이 인풋만 계속했던 것이다. 뇌가 정리되지 못하고 배운 것을 적용하지 못한 것이다. 독서로 깨달은 것을 즉시 실행하지 못한 것이 결과를 내지 못한 원인이다.

명확한 목표를 정하는 것이 성공의 출발점이 된다. 명확한 목표 설정이 없이는 삶의 방향을 정확히 잡을 수 없다. 자신이 원하는 일에 대한 분명한 목표만 정해진다면 그 다음은 구체적인 방법으로 실행할 것을 연구하면 된다. 성공을 가로막는 것은 성공으로 가는 과정 곳곳에 있는 두려움과 부정적인 마음 때문인 것이다. 두려움과 부정적인 생각은 걸림돌이 되어 성공을 막게 되는 것이다. 종종 마주하게 되는 마음이 이 두려움이다. 일어나지도 않은 일에 대한 실패의 두려움이 먼저 생기게 된다.

또 시간을 잘 사용하는 것이 중요하다. 시간은 한정되어 있고 하루의 시간도 정해져 있다. 어영부영하면 하루가 금세 지나가게 되는 것이다. 주어진 시간 활용을 잘 해야 하는 것이다. 하루의 일과를 허투루 사용하지 않고 쪼개어서 규모 있게 써야 한다. 자기 전에 다음 날의 할 일을 미리 작성하고 잠에 드는 습관을 가져보는 것도 좋은 습관이 된다. 내일 할 일을 미리 적고 다음 날은 바로 실행할 수 있도록 계획하는 것이다. 하루를 시간대별로 할 일을 정하고 쓸데없는 일을 최소화할 수 있게 계획하는 것이다. 이것이 한 달, 일 년이 된다면 성장한 내 모습을 상상할 수 있을 것이다. 이렇게 성장한 모습을 통해 성공적인 하루하루를 만들어가는 것이다. 엄마의 성장은 자신의 몸값을 올리게 되는 것이기도 하다.

가지고 있는 재능을 전문가의 수준으로 갈고 닦는 것으로 자신의 몸값을 올리는 것이다. 꾸준함이 성공의 열쇠이기 때문에 빠른 시간 안에 자신의 달란트를 찾아 열심히 해보는 것이 답인 것이다. 엄마의 재능을 계발하는 것에서 가능성을 찾을 수 있는 것이다.

코로나라는 큰 변동성을 겪으면서 세상은 온라인으로 넘어가고 있다. 모두가 온라인으로 소통하고 온라인에서 인맥을 만들어간다.

그에 맞는 생각과 계획을 세우는 것이다. 온라인상의 블로그는 나의 생각과 일상을 공유할 수 있다. 글쓰기를 통해 자신의 내면을 발견하게 되는 좋은 플랫폼이 될 수 있다. 자신만의 글을 쓰다 보면 고유한 개성과 가치관이 드러나게 된다. 공감하는 이웃들과 소통할 수 있게 되는 것이다. 온라인에서도 오프라인만큼 소통이 가능한 시대가 되었다. 그리고 인스타그램이나 유튜브를 통해서도 나 드러내기를 할 수 있게 되었다. 인스타그램을 통해 같은 생각을 가진 사람들을 모으고 거기에서 비즈니스가 발생할 수 있는 것이다. 공동구매나 판매가 이루어질 수 있는 플랫폼이 되는 것이다.

유튜브는 동영상으로서의 영향력이 크다. 잘 활용할 수 있는 플랫폼이 되어야 할 것이다. 스마트스토어도 온라인상으로 시장의 이해를 할 수 있는 좋은 플랫폼이 되는 것이다. 또한 책 쓰기와 전자책의 수용도 대단하다. 온라인의 세상에서 내가 가진 하나의 건물을 쌓아가야 하는 것이 지금의 시대이다.

끊임없는 배움을 통해 자기계발을 통한 몸값을 올리는 현명한 엄마로 거듭나야 현 세대를 살아가는 지혜를 배울 수 있다.

04

인생은
진정한 나를
찾는 과정

진정한 인생의 의미는 위기가 닥치고 어려움이 생길 때 깨닫게 된다. 그래서 위기 속에 기회가 있다는 말이 있다. 인생을 살다 보면 몇 번의 위기를 맞이하게 된다. 위기를 극복하고 기회로 만드는 사람이 인생의 주인공으로서의 삶을 살게 된다. 위기 속에서 솔직한 자기 모습을 발견하고 해답을 찾아가는 과정에서 더 많은 성장과 경험을 하게 되는 것이다. 계속되는 평안함이 어느 순간 나를 파괴시키는 이유가 되기도 한다는 것을 알아야 한다. 우리는 충분히 위기의식을 가지고 있어야 하지만 그것이 어느 정도의 위험인지는 제대로 못 느끼는 경우가 많다. 살면서

당하게 되는 큰 어려움, 갑자기 병원비로 많은 돈이 필요할 때, 믿고 있었던 가족의 죽음, 나의 실직 아니면 당장 끝날 것 같은 무언가 비참한 경험을 하게 될 수도 있는 것이다. 이러한 실제적인 위험 상황을 언제 어떠한 상황에 마주하게 될지 모르는 것이다. 그래서 우리는 인생을 멀리 보고 진정한 인생의 의미를 찾고 진지한 자세로 삶을 살아내야 한다.

나에게도 이러한 위기가 몇 번은 있었다. 하지만 그 위기 속에 담긴 진정한 의미를 찾기보다는 단지 지금 당장의 고통과 어려움이 빨리 지나가길 바라는 마음이 컸다. 그 속에 담긴 진짜 고통을 제대로 직시하지 못하고 임기응변식으로 어려움을 대처했다. 그렇기 때문에 그 어려움은 해결된 것처럼 보였지만 계속 잠재되어 있었던 것이다. 그래서 어려움이 얼마 되지 않아 또 찾아오게 된다. 진정한 깨달음이 없었고 삶의 깊은 통찰이 없었다.

이런 시기가 찾아온다면, 진지하게 내 삶과 마주하고 분석하는 것이 필요하다. 그저 쉽게 지나치지 말고 숨 한 번 깊게 쉬고 살아온 내 삶을 똑똑히 바라보고 내 삶을 재평가해보는 것이 필요하다. 돌아보면 나 자신을 제대로 평가하고 분석하며 살지 못했다. 그래서 지금의 내가 있게 된 것이다. 지금 현재의 내 모습은 과거로부터의 결과인 것이다.

나는 내가 가진 취미를 직업으로 삼고 사는 사람이 제일 행복하다고 생각했었다. 그래서 한때 내가 좋아하는 취미를 살려 돈을 벌어보려는 생각을 했다. 이처럼 내가 좋아하는 일을 하면서 생계도 해결할 수 있으면 제일 좋은 것이다. 이 둘을 다하기는 힘든 것이 현실인 것 같았다. 그래서 사람들은 그 둘을 다하기는 힘들기 때문에 그 둘 중 하나를 고르라고 말한다. 대부분은 좋아하는 것을 하지 말고 해야 하는 일을 하라고 충고하게 되는 것이다. 즉 돈벌이가 되는 일을 선택하라는 것이다. 일차적인 안전함을 보장 받기 위해 돈 되는 일을 선택하고 살아가게 된다.

그러나 인생은 장거리 여행과 같기에 결국에는 그 일을 통해서 사람은 보람을 느끼고 살기를 원하고 그 일로 인해 행복을 원하기 때문에 고민을 하는 것이다.

이러한 의문이 해결되지 않기 때문에 내가 뭘 원하는지 모르게 되는 것이다. 이 삶은 과연 내가 원하는 삶인지, 이 삶을 살아가는 게 정말 즐거운 것인지를 고민하게 되고 회의를 느끼게 되는 것이다. 내가 좋아하는 것을 찾아가지 못하는 이유는 두려움 때문이고, 안전한 삶을 살려고 하는 생존의 마음이 우리에게 강하기 때문이다.

우리 인생에서 나 자신이 빠지는 순간 그 자리는 생존과 인간관계 그리고 사회 구성원으로서의 책임과 의무로 채워지게 된다. 자신은 잊은 채 살아가게 되어 내가 뭘 하고 싶은지 모르겠다는 질문에 답을 찾지 못하는 것이다. 인생에서 책임을 다하는 것은 매우 존중받을 일이다. 하지만 오직 책임감으로 인생을 살다 보면 우리 내면은 지치고 스스로의 갈등과 만나게 된다. 이렇게 지친 사람들에게 계속해서 자유를 얻기 위해 노력하라는 말과 과정만으로도 잘하고 있는 것이라고 말하는 것이 위로가 될 수 있을까?

우리는 책임이 무겁고 버티기 힘들 때 그 무게를 벗어나는 방법을 찾아야 한다.

자신이 자기의 인생의 주인이 되어야 진정한 자유를 누릴 수 있다. 그렇게 되기 위해서는 우선 자기 주도적인 삶을 살아야 한다. 자기 인생을 자기 스스로가 진단할 수 있고 방향을 정할 수 있어야 하는 것이다. 그러기 위해서는 나 자신을 제대로 아는 것이 중요하다.

당신은 어느 날 시간을 충분히 갖고 당신 자신을 분석해본 시간을 가진 적이 있었는가?

우리는 어려서부터 자신에 대한 솔직한 탐구를 하며 자라오지 못했다. 내가 좋아하고 원하는 것을 찾는 바람직한 교육을 받지 못했다. 개인의 특성을 존중받기보다는 사회가 원하는 것을 먼저 좇으며 살아온 것이다. 어떤 직업이 전망이 있고 유행을 한다면 거기에 우르르 몰려가는 경향이 많았다. 그래서 아직까지도 공무원이 되고자 많은 고시생들이 시험을 준비하고 있다. 이것은 비상식적인 공무원 경쟁률로 대다수의 젊은이들이 같은 곳을 바라보고 전력 질주의 경쟁을 하고 있는 모습이다. 또한 파이어족을 선호하는 것처럼 극단적으로 양분화되는 상황이 벌어지고 있는 사실을 접할 수 있다.

우리 사회는 다양성에 대한 인식이 많이 부족한 것은 사실이다. 하지만 거꾸로 생각하는 사람이 되어보고 같은 생각을 뒤집어 생각해보면 그것에도 많은 성공의 방정식이 담겨 있다는 것을 알게 된다. 오로지 한 가지의 생각에 집착하는 경향이 우리의 삶을 권태롭게 하는 것이다. 이렇게 우리나라 사람들은 자신의 삶을 탐구하는 방식에 있어서도 개인의 취향과 다양성을 인정하는 것이 결여되었음을 깨닫게 된다. 이것은 문화적인 면과 사회적인 관념으로 내려온 것이기도 하다. 좀 더 개성을 인정하는 사회이고 개개인의 특성을 존중하는 사회였다면 우리의 인식도 많이 달라졌을 것이다. 하지만 현상은 그대로라면 내가 바뀌면 되는 것이다. 생각하는 것도 나 자신이고 바꾸려고 마음을 먹는 것도 나 자신이기 때문이다.

주변의 현상을 바꿀 수 없다면 내가 바뀌어서 변화를 시도하고 나아가는 것이다.

나의 인생은 나의 것이다. 내 인생을 찾아가고, 내 꿈을 찾아가고 그것을 실현함으로 내가 원하는 돈을 벌게 되는 것까지 내 삶으로 만드는 것이다. 이런 시스템을 만들도록 꿈꾸고 성취해나간다면 경제적인 자유도 함께 얻게 될 것이다. 이것은 모두가 꿈꾸는 가장 이상적인 삶의 결과이다. 결국에는 나를 찾아가는 시간과 노력들이 필요하다. 관점의 전환은 이렇게 대단한 것이고 위대하기까지 한 것이다.

관점을 달리 보면 기회가 열려 있다. 틀에 박힌 사고와 관점은 더 나은 삶으로 발전할 수 없게 만든다. 여기에 긍정적인 사고는 더욱 시너지 효과를 얻을 수 있다. 여러 방향의 기회를 찾고 분석하며 가진 재능과 능력을 제대로 아는 것이 중요하다. 나를 알고 목표를 정하는 것이 삶의 목적을 정하는 것이다. 삶의 목적을 찾는 것이 쉽지 않다. 삶의 목적만 정확히 정해진다면 인생의 목표는 절반을 이룬 것이나 다름없다.

명확한 목적이 정해지면 구체적인 방법을 연구하고 찾아서 실행하고 다시 실행을 반복하면서 삶을 완성도 있게 만들어가면 된다. 인생은 결국에는 삶을 완성해가는 일련의 과정들이 되는 것이다.

최고의 인생은 내가 하고 싶은 일의 방향성을 찾고 그 분야에서 즐겁게 일을 하고 경제적인 풍요까지 누릴 때 우리의 만족과 가치를 담은 삶을 살게 된다. 그래서 자신을 위한 투자가 필요한 것이다.

시간과 돈을 들여서라도 나의 꿈을 위해 자신을 위해 투자해야 하는 것이다. 가장 중요한 자본이 나 자신이 되기 때문이다. 나의 몸값을 높이고 나를 발전시켜나갈 수 있다면 인생의 완성도를 높이게 된다. 새로운 삶에 대한 도전을 두려워하지 않고 계속 전진하는 삶에서 진정한 우리의 인생을 발견하게 된다. 지금의 위치에서 최선을 다해서 자신을 분석하는 메타인지가 높은 사람은 결국 성공할 수밖에 없는 이유가 여기에 있는 것이다.

진정으로 원하는 행복한 삶은 멀리서 찾는 것이 아니다. 바로 나의 인생은 나 자신에게 해답이 있는 것이다. 최고의 인생은 나답게 사는 것이고 내가 원하는 방향을 찾아 행복한 일을 찾아내어 즐기며 사는 인생이 가장 값진 인생이라 할 수 있다.

내가 이런 인생을 찾고 살아가면 우리의 아이는 저절로 꿈을 찾아가는 과정을 배우게 되는 것이다. 행복한 엄마의 인생을 위하여, 아이가 원하는 꿈을 위하여 진정한 인생의 꿈을 찾는 여행을 함께 떠나야 한다.

05

최고의
인생은 도전하는
인생이다

인생은 끊임없는 도전의 연속이다. 자기 자신의 삶 자체가 하나의 도전이 되고 새로운 경험이 되는 것이다. 삶은 순간순간마다 인생의 협곡이 되기도 하고 완만한 강을 이루기도 한다. 그러므로 삶이 어렵다 할지라도 피하거나 거부할 필요가 없는 것이다. 또 좌절할 필요도 없는 것이다.

인생을 살다 보면 후회와 반성을 통해 더 나은 삶으로 나갈 수 있는 추진력을 얻기도 한다. 삶의 반성을 통해 잘못된 나의 과거를 뒤돌아보게 하고 남은 인생을 점검해보는 절호의 기회가 되어주었다. 수동적인 모습으로 살아온 나에게 남은 인생은 또 다른 도전이 되어주는 것이다. 남은 시간이 나에겐 기회가 되고 새로운 삶의 시작점이 되었다.

지금의 상황이 기회가 되고 다시 시작하는 좋은 시기라는 것을 기억해야 한다. 최선을 다하는 삶을 사는 것이다. 인생의 마지막 끝점을 사는 것처럼 전력 질주 해보는 것이다.

내가 삶의 끝점을 살아보겠노라고 결심하게 된 이유인 것이다. 하나의 목표를 중단 없이 끝까지 좇는 것. 그것이 성공의 비결인 것을 깨닫는다. 내가 겪은 시행착오의 원인은 빠른 결과를 바라고 조급했던 마음이 실패의 원인이 되었던 것이다. 목표를 가지는 것과 이를 이루기 위해 인내하는 것이 성공을 위해 절대적으로 필요하다는 것을 알게 되었다. 먼저 명확한 목표를 가지고 있어야 성공으로 이르는 길이 구체적으로 보일 것이기 때문이다. 이를 위해서는 실패와 좌절에도 불구하고 자신을 일으켜 계속적으로 일을 해나가는 것이 필수적인 것이다. 느리더라도 경주에서는 이길 수 있는 것이다.

이솝우화인 '토끼와 거북이'의 이야기이다. 모두 알다시피 거북이는 능력이 부족했지만 성실하게 자기가 해야 할 바를 행했고 불리한 초반 레이스의 상황에도 좌절하지 않았다. 토끼를 앞서고 나서도 결코 들뜨지 않고 결승선까지 꾸준히 나아가 결국에는 승리를 거뒀다.

아이는 엄마를 통해 꿈을 배운다

우리의 삶도 마찬가지인 것이다. 능력이 부족하고 불리한 상황에서도 꾸준하게 해야 할 바를 행한다면 결국에는 승리할 수 있는 것이다. 이것이 바로 성공의 핵심인 것이다. 인생은 단거리의 경주도 중요하지만 길게 보는 장거리의 경주도 대비해야 한다.

인생도 마찬가지이다.

나는 이것저것 해보고 싶은 일은 많은데 무슨 일을 시작하려면 굉장히 오래 걸리고 생각만 하다 그치는 경우가 많았다. 하지만 인생에 있어서 분명히 용기를 내야 할 때가 있다.

그 동안 나는 변화를 두려워하며 살았다. 두려움을 극복하기 위해 변화를 향한 첫걸음은 인식을 하고 두 번째 걸음은 받아들이는 것이라는 결론을 얻게 되었다. 현재의 상황과 자신의 단점을 제대로 인식하는 것이 삶을 바꾸기 위한 첫 번째 도전이 되어야 한다. 다음에는 지금의 어리석은 내 모습과 고쳐야 할 점들을 과감하게 받아들이고 개선하려는 노력이 필요한 것이다. 꽉 막힌 마음으로는 어떠한 개선도 이룰 수 없다.

세상에는 재능과 뛰어난 능력을 갖추고 있는 사람도 많지만 시작할 용기가 없고 두려움으로 도전하지 못하는 경우도 많다. 용기를 가지고 도전하기 위해서는 내가 가진 잠재의식을 활용할 줄 알아야 한다. 지금까지 해오던 삶의 방식을 벗어나는 것은 힘들 수 있다. 때로는 담대한 용기가 필요하다. 용기는 나 자신을 극복하는 힘이 된다. 미루거나 후회하지 말고 당장 시작해보는 용기를 가지는 것이다.

시작하는 용기를 냈다면 두려움을 극복하는 용기도 가져야 한다. 두려움은 언제 어느 때나 시도 때도 없이 엄습한다. 두려움이 찾아올 때는 즉시 도전하고 행동하는 때라 여기고 행동해버리는 것이다. 즉시 행동하여 두려움을 막아버리는 것이다.

과거에서 벗어나 지금 이 순간을 사랑하는 사람이 되어야 한다. 과거를 벗어나 현재를 인정하고 미래를 바라보는 시선으로 사는 것이다. 과거에 얽매여 살아가는 사람은 미래의 행복을 만들어갈 수 없다. 과거를 인정하고 바라볼 때 우리는 과거의 상처와 남은 감정의 찌꺼기들을 버리고 현재와 미래를 살아낼 수 있다.

삶은 계속되는 치열한 현장이다. 과거에 발목 잡힌 채 현재를 담보 잡혀 살아서는 안 된다. 당신이 이루고자 하는 목표가 있다면 미루지 말고 일단 시작하는 용기로 도전해보길 바란다. 당신 안에 잠재한 놀라운 힘을 확인할 수 있을 것이다. 성공으로 가는 유일한 방법은 오직 지금 당장 시작하는 것이다. 그리고 끊임없이 반복하는 것이다. 당신 자신이 정답을 알고 있다. 하지만 생각하고 있는 계획들을 직접 나서서 하지 못하고 있는 것일 뿐이다. 나 역시 오십이 되어서 사업에 도전하게 되었고, 지금은 책을 쓰는 작가가 되었다. 작가가 되는 바람은 없었으나 주어진 기회 덕분에 작가의 삶을 기대하게 되었다. 앞으로 기대되는 내 인생이다.

글을 쓰면서 내가 살아온 삶을 볼 때 나와 같은 입장의 엄마들에게 위로와 선배 엄마로 공감과 나눔을 하고 싶은 생각을 해본다. 나의 경험이 그들에게 도움이 되기를 바란다.

이제까지 독자로 살아온 인생을 작가의 신분으로, 독자의 시선이 아닌 작가의 시선으로 삶을 바라보게 된 것이다. 내가 경험한 인생으로 도움을 줄 수 있는 선한 영향력을 끼치는 사람으로 남고 싶다. 이렇게 내 인생은 현재 진행형이다. 도전하지 않았다면 일어날 수 없는 일인 것이다.

사람은 내가 아닌 다른 사람을 위한 영향력을 끼치는 삶으로 보람을 느끼고 살고 싶은 소망을 가지게 되는 것이다. 나의 만족으로 끝나는 것이 아니라 누군가에게 영향을 주는 사람으로 살 때 가치 있는 삶을 살게 되는 것이다. 힘들고 어렵다면 미소 지어라. 모두가 자신감이 결여되어 있고 다른 어떤 것보다 미소가 사람들의 용기를 주게 된다. 남들은 자신감이 넘치는 것 같지만 여러모로 부족하다는 생각 때문에 자신감이 없다고 생각하게 되는 것이다. 그러나 극소수의 사람을 제외하고는 우리 모두는 자신감이 부족한 상태에 있다고 한다. 미소를 짓는 것은 스스로의 감정을 누그러뜨리고 보다 자신감 있게 일을 추진할 수 있도록 할 것이다. 이것은 남들의 긴장감도 누그러뜨리게 되고 그들에게도 용기를 줄 수 있게 한다.

　행복은 우리가 손이 닿지 않는 아주 먼 곳에 있다고 생각한다. 하지만 만족하는 사람은 모두에게 행복을 주게 되는 것이다. 행복은 내가 손을 뻗으면 언제든지 닿을 수 있는 가까운 거리에 있다는 것을 우리는 망각하고 있다. 게으름을 피우고 나태한 삶을 살면서 불행하다고 한탄하지 말고 주어진 것에 만족하며 그 안에서 할 수 있는 최선을 다하는 것이다. 나의 새로운 모습에 만족할 수 있다면 우리의 삶은 행복해질 수 있다.

　나는 성공과 도전을 거창하게 생각했었다. 하지만 우리의 삶에 작게 작게 속한 모든 부분에서 우리는 도전하고 실행하는 용기를 내어야 한다. 그래야 성취할 수 있고 성공할 수 있는 것이다. 도전을 두려워하지 않고 명확한 목표가 선다면 과감하게 뛰어드는 것이다. 삶은 용기와 도전하는 자의 것이다.

　아무것도 하지 않으면 아무 일도 일어나지 않는다는 것을 기억해야 한

다. 내가 삶을 어떻게 바라보느냐에 따라 지금의 현실을 기회와 가능성

으로 바라볼 수 있게 되는 것이다. 무엇보다 내 생각과 내 느낌에 따르는

것이다. 느낌을 따라 삶을 살 때 행복감이 더욱 충만해질 수 있는 것이

다. 도전하는 기쁨이 되는 최고의 도전하는 인생이 되는 것이다.

06

모든
순간,
감사하라!

지나온 내 삶은 모든 것이 감사한 것들로 가득하다. 나를 존재하게 하신 것도 감사, 살아 있음에 감사, 새로운 모습으로 변화함에 감사…… 감사할 것이 너무 많은 것에 또 감사하다.

내가 지금 이 자리에서 책을 쓰게 된 것도 너무나 감사한 일이다. 지나온 날들을 돌아보면 감사하지 않은 일이 하나도 없다. 순간순간 지나올 때는 힘들고 어려운 일들이었지만 돌아보면 모든 것이 그저 감사할 따름이다. 그때 그 순간의 일은 지금의 나를 있게 한 일들이었다. 감사하는 마음을 가져야 나를 사랑할 수 있게 된다. 살다 보면 힘들고 어려운 일들도 많지만 결국에는 감사한 일들이 더 많이 쌓이게 된다. 감사하는 마음이 없다면 과거와 현재의 모습은 어둡고 아무것도 아닌 무의미한 것이 되고 마는 것이다.

그저 사는 대로 생각하고 살아간다면 우리 인생은 많은 것을 놓치고 살아가게 된다는 것을 깨닫게 되었다. 감사한 것을 찾고 감사의 일기를 쓰고 감사함을 전하고 모든 것이 감사하게 되는 순간 새로이 창조되는 날들을 살아가게 되는 것을 느낀다.

감사하지 않는 사람이 행복할 수는 없을 것이다. 감사는 진정한 행복을 위한 전제가 되는 것이다. 감사는 위대한 것이다. 그러므로 우리는 매 순간 감사할 수 있어야 한다.

감사를 몰라서 못 하는 사람은 없을 것이다. 알면서도 제대로 하기 어려운 것이 감사이기도 하다. 혹은 감사한 줄은 알지만 감사의 표현을 하는 것이 쑥스러워서 그럴 수도 있을 것이다.

하지만 감사는 표현할 때 완성이 되고 적극적인 감사의 삶을 사는 것이 곧 축복이 되는 것이다. 사소했던 하루의 있었던 일도, 앞으로 일어날 일들에도 감사를 표현해보게 된다. 감사로 시작해서 감사로 하루를 마무리하는 충만한 사람이 되어보는 것이다. 선물 같은 하루와 축복인 삶에 대한 감사가 넘치게 된다면 행복은 저절로 찾아오게 될 것이다. 이것이 감사의 위대한 힘이기 때문이다. 이 감사의 힘은 긍정의 삶으로 변화시키고 또 다른 감사를 불러온다는 것을 경험하게 되었다.

새벽 5시가 되면 나는 기상을 한다. 아침 기상으로 여는 첫 의식은 감사함으로 시작하는 것이다. 밤새 푹 자고도 아침에 두 눈을 다시 떴으니 얼마나 감사한 일인가! 나는 베게에 머리가 닿으면 깨지 않고 숙면을 취한다. 불면증을 겪어본 일이 없다. 잠을 푹 잔다는 것도 축복이고 감사한 일이다. 계절도 한여름을 지나 가을로 차츰 변화되어간다. 아침저녁으로 우는 풀벌레 소리와 함께 선선한 아침공기를 마시는 것도 감사한 것이다. 깊은 심호흡으로 아침의 공기를 마시고 새벽의 기운을 느끼는 것도 감사하며 감사로 새로운 하루의 시작을 열게 되었다.

원래부터 나는 내 입으로 감사를 늘어놓는 사람이 아니었다. 감사의 힘을 알기 전에는 나도 모르게 불평불만을 끊임없이 늘어놓는 사람에 속해 있었다. 아이를 낳고 살림만 했었고, 시어머니와 살 때는 견디기 힘든 하루가 고통스럽기까지 했다. 친정 부모님도 일찍 돌아가시고 이런 마음을 털어놓을 사람조차 없었다. 계속되는 똑같은 생활은 무기력한 사람이 되기에 충분했다. 마음속에 분노와 불만이 쌓여가는 것이다. 마음의 죄를 짓지 말아야지 하면서도 마음 깊숙이 올라오는 불덩이는 어쩔 수 없었다. 이것이 지속이 되면 짜증이 나고 급기야 우울한 마음이 가득하기도 했었다.

이런 상황에 감사라는 단어를 생각할 수 없었다. 이 우울감이 계속되다 보면 주체할 수 없는 상황을 만나기도 했다. 이런 생각들은 나를 힘들게 하고 부정의 연속인 생각으로 나를 인도할 뿐이었다. 부정의 늪에서 나오지 못하는 어두움의 시간이 계속되는 것이다. 부정적이고 어두운 생각에서 벗어나야겠다고 생각을 바꾸게 되었다. 의도적으로라도 벗어나려 생각을 전환시키려 애썼다. 내 삶의 문제에 고민하고 변화를 위한 결단을 하게 되었다.

극복하기 위해 아침 일찍 일어나 운동을 하고 상쾌한 공기를 마시며 혼잣말을 하기 시작했다. 하나님이 주신 이 땅의 많은 창조물들을 바라보며 감사함을 찾기 시작했다. 아침의 새벽공기를 마심도 감사, 발로 디딜 수 있는 땅을 주심도 감사, 길에 핀 들꽃도 감사, 웃음 가득한 우리 딸들을 주심을 감사, 함께하는 남편이 있어 감사 등등 감사함을 일일이 나열하게 되었다. 마음속으로, 혼잣말로 내뱉는 감사들이 메아리가 되어 나에게로 돌아오는 것이었다. 하루를 감사로 시작하니 삶에 생기가 가득하게 되고 감사함이 꼬리에 꼬리를 무는 감사가 계속되는 것이었다. 감사는 다시 부메랑이 되어 내 마음에 평안을 찾게 해주었다. 부정의 언어들은 나의 마음을 병들게 했고, 내 삶을 메마르게 했었다. 하지만 감사로 나의 삶은 새롭게 회복이 되고 평화를 찾게 된 것이다.

감사는 의식적으로라도 할 수 있게 되면 그것이 또 다른 감사를 불러오게 된다. 감사를 불러들이도록 의식적으로 하는 감사도 필요한 것이다. 힘들고 어려운 시기라면 더욱 감사를 실천해보길 바란다. 감사를 통해 다시 힘을 얻을 수 있게 되는 놀라운 경험을 하게 될 것이다. 사소하고 작은 것들, 평상시에는 우리의 눈에 들어오지 않는 것들이 보이게 될 것이다. 감사를 통한 감동을 느끼게 될 것이다. 이것은 하나님이 주신 우리의 마음 저변에 깔린 사랑의 마음인 것이다.

세상을 아름답게 바라볼 수 있는 것은 감사한 마음에서 오는 것이다. 감사하면 스트레스도 덜 받게 되고 잠도 잘 자고 행복감이 몇 배로 더 커지게 된다. 좋은 생각으로만 채워나가는 감사하는 일상을 만들게 되는 것이다.

삶에서 꼭 좋은 일이 일어나야만 감사를 느끼는 것은 아니다. 부족하거나 어떤 일에서도 감사할 줄 아는 시각을 재구성할 줄 알아야 한다. 모든 것에 감사하게 되는 놀라운 일이 일어나는 것이다. 작은 일이든 큰일이든 모든 것을 긍정적인 면만 보는 것은 쉽지 않다.

하지만 부정적인 생각도 부정적인 것을 불러오기 때문에 부정을 끌어당길 것인지 긍정만 끌어당길 것인지 선택의 여지가 없는 것이다.

그런 면에서 오프라 윈프리의 책 『내가 확실히 아는 것들』을 읽고 감사일기를 쓰게 되었다. 그녀는 절정의 인생에서 깨달은 삶의 진리를 말해주고 있다. 흑인 여성이 불행을 딛고 세계적으로 영향력 있는 인물이 된 성공 비결이 이 감사에 있었던 것이다.

그럼에도 불구하고 감사할 수 있는 그녀의 내공을 나도 배워야겠다는 마음으로 감사일기를 써나가는 것이다. 예전의 일기장은 감사는커녕, 모두 다 안 좋았던 일들, 우울한 느낌, 부정의 언어들이 가득해서 모두 버렸다. 감사일기에는 긍정적이고 낙관적인 것들로 가득하게 되어 다시 읽어도 기분이 편안해진다. 단순한 일이지만 감사일기를 쓰는 것을 통해 감사한 일들을 더 많이 찾게 되는 놀라운 경험을 하게 되었다.

감사를 하면 상대방의 기분도 좋아지지만 그로 말미암아 내 기분이 더 좋아지는 것이다. 큰 혜택을 보는 쪽은 다름 아닌 감사를 표현한 사람이라는 것이다.

감사의 한마디는 부부에게 더 필요한 것 같다. 오랜 시간을 같이 살다 보니 감사한 마음은커녕 바라는 마음이 커져 서로의 거리를 만들게 된다. 이럴 때 부부 사이에도 감사로 다시 친밀해지고 마음을 주고받을 수 있게 되는 것이다. 감사한 것을 서로 표현하는 사이가 되어야 한다. 감사를 표현함으로 서로 애틋한 마음이 회복되고 서로 존중하는 계기가 되는 것이다.

자녀에게도 마찬가지이다. 우리는 아이들을 대할 때 가장 먼저 충고와 제안을 하려고 한다. 아이가 곁에 있는 것만으로도 즐거워야 하는데 말이다. 엄마로서 아이들이 원할 것이라고 짐작하고 많은 것을 제안하고 개입을 해온 것이다.

좋은 의도와 사랑하는 마음에서 출발한 것이지만 아이들의 마음에는 와 닿지가 않는 것이다. 도움을 주려고 한 말이지만 아이들은 부정적으로 받아들이는 경우가 많다. 부모는 자녀의 있는 그대로의 모습을 자연스럽게 받아들이고 감사를 드러낼 줄 알아야 한다. 부모가 먼저 자녀에게 자연스럽고 진정한 감사한 마음을 표현할 때 아이들도 부모에 대한 고마움을 표현하게 되는 것이다.

감사를 통해 부모가 본보기를 보임으로써 아이들과 가정에 감사하는 순간들이 넘쳐나게 되는 것이다.

07

상상하고,
실천하고,
집중하라

보고 만질 수 있는 것을 믿는 것은 믿음이 아니지만

보이지 않는 것을 믿는 것은 승리이며 축복이다.

– 아브라함 링컨

우리는 자신의 물질계뿐만 아니라 '비물질적인 면'도 알아야 한다.

결정을 내릴 때 우리는 대부분이 갖고 있는지 모르는 능력을 이용하여

보이지 않는 영역으로 들어가는 것을 알아야 하는 것이다. 이것은 바로

상상의 힘이다. 잠재의식이라고도 하는 것이다.

아인슈타인도 이렇게 말했다. "직관적인 마음은 신성한 선물이고 이성적인 마음은 충실한 하인이다."라고 말했다. 그는 우리가 하인은 존중하고 선물을 망각한 사회를 만들었다고 말했다. 여기서 하인은 감각적인 요인을 말한다. 인간은 더 높은 능력으로 지각, 기억, 상상력, 의지, 이성, 직관을 가지고 있다는 것이다.

나는 상상의 힘을 사용할 줄 몰랐다. 물론 사람은 의식과 무의식의 상태로 존재한다는 이론상의 지식은 알고 있었다. 하지만 내 안의 잠재의식을 활용해야 한다는 생각은 하지 못했던 것이다. 의식은 우리가 느끼는 시각, 후각, 미각, 청각, 촉각의 오감을 통해 알게 되는 것이다. 의식은 일반적으로 생각하고 논리적으로 조합하고 계획을 세우는 일반적인 지능을 말한다고 한다. 잠재의식은 가치 판단을 하지 않고 의식적으로 접근하고 파고들 수 없다.

성공하고 싶고, 행복하고 싶다면 보이지 않는 면을 볼 수 있어야 하는 것이다.

그것이 우리의 잠재의식을 활용하는 것이다. 우리가 바라는 것을 받게 되리라는 생각이 상상이다. 잠재의식은 확신에 의해 움직이고 확신은 믿음이라는 형태가 된다.

거기에 간절히 원하는 열망을 통해 실현하는 명확한 계획이 나오게 되는 것이다.

나의 의식은 연약하고 위태롭기 짝이 없었다. 그래서 무의식의 훈련, 잠재의식의 훈련을 통해 마인드 컨트롤되어야 하는 것이다. 한마디로 정신무장이라 할 수 있을 것이다.

나는 자신에 대한 믿음과 능력에 대한 믿음을 잠재의식의 훈련으로 의지를 굳건히 하기 위해 노력하게 되었다. 잠재의식을 활용하지 않는 것은 무지의 결과가 되는 것이라는 생각을 하게 된 것이다. 계속되는 자기암시와 잠재의식의 새김이 없다면 항상 부정 암시와 두려움으로 스스로를 방치하게 될 거라는 생각을 하게 되는 것이다. 내가 하는 일은 영업을 통해 사람들에게 내 상품을 판매하는 것이 목적이다. 그런데 막상 두려움과 할 수 없다는 마음이 생기면 만족할 만한 결과를 얻을 수 없게 되는 것이다.

그래서 자기암시와 자기최면을 통해 나를 세우는 일이 먼저가 되었다. 마음이 누구보다 단단해지고 성공하려는 의지가 강해지려면 잠재의식의 사용이 가장 먼저라고 생각한다. 이러한 과정은 활력과 생명력, 행동할 수 있는 힘을 제공해주었다.

상상의 힘을 사용할 줄 아는 것은 꿈의 실현을 앞당길 수 있게 해준다. 상상을 통해 빨리 현실로 이룰 수 있는 것이다. 내가 꿈을 이룬 모습을 구체적으로 현재 완료형으로 자세히 상상하는 것이다. 나는 내가 하는 일의 분야에서 성공한 모습과 행복한 모습들을 구체적으로 상상하게 되었다. 상상의 힘을 통해 목표하는 것을 생생하게 이룰 수 있는 것이다.

상상의 힘은 우리 안에 내면의 의식을 깨우는 강력한 힘을 가지고 있다. 상상의 힘을 활용해 무의식을 적극 사용할 줄 알아야 하는 것이다. 상상하는 대로 이루어진다. 이 말은 상상의 힘을 믿고 상상 속에 나를 시각화하여 상상한 일들을 현실화시키는 것이다. 우리는 내면의 잠재된 의식을 활용하여 삶의 범위를 크게 확장할 수 있게 된다.

나는 상상의 힘과 심상화를 구체화하는 방법으로 비전보드를 만들었다. 비전보드는 내가 되고 싶은 모습의 사진을 스크랩해서 보드에 붙이고 매일 보면서 꿈이 실현된 내 모습을 상상하는 것이다.

이것은 구체적으로 나의 무의식에 각인시키는 효과가 크다. 매일 꿈이 이루어진 모습을 상상할 때마다 그 꿈에 더 가까이 가고 있다는 느낌을 느끼는 것이다.

우리의 의식과 무의식 중 의식보다 무의식의 범위가 훨씬 더 크다고 할 수 있다. 빙산의 모습처럼 보이는 10%는 의식이라 할 수 있다. 나머지 90%는 무의식, 잠재의식이라 할 수 있는 것이다. 보이는 것만 믿는 일차원적인 생각을 넘어서야 한다. 무의식의 세계, 잠재의식을 적극 활용한다면 우리의 생각의 크기와 범위를 확장할 수 있게 된다. 무의식을 잘 활용할 줄 안다면, 상상의 힘을 제대로 사용하게 되고 꿈을 실현하는 데 많은 시간을 단축시킬 수 있게 되는 것이다. 내 꿈을 실현하기 위해 날마다 상상의 힘을 사용하는 것이다. 이루어진 나의 모습을 생생하게 상상하는 것이다. 이미 이루어졌다고 믿고 하루를 시작하는 것은 잠재의식의 세계로 내 삶을 확장하는 것이다.

나의 의식은 〈한책협〉의 김태광 대표님을 통해 성장하게 되었다. 의식의 중요성을 깨닫고 내적 성장을 할 수 있게 한 분이다. 이분은 유튜브를 통해서 의식 성장을 강조하고 널리 전하고 있다. 김태광 대표님의 소개로 알게 된 책이 바로 네빌 고다드의 『상상의 힘』이다.

네빌 고다드의 『상상의 힘』에서는 상상력을 통해 원하는 존재가 될 수 있는 힘을 갖게 된다고 말하고 있다. 진실된 판단은 외부 현실에 맞춰서 할 필요가 없다는 것이다.

의도적으로 생각하지 않으면 의도하지 않은 생각들이 지배하게 된다는 것이다. 상상의 힘을 의식하고 사용하지 않는다면 우리는 쓸데없는 생각으로 내버려두게 되는 것이다.

상상은 내가 원하는 삶으로 이끌고 가는 힘이 된다.

성공으로 가는 과정에서 지속적인 노력을 할 수 있게 하는 것은 바로 믿음과 상상인 것이다. 성공하는 사람들의 특징이 마음에 품은 간절한 소망이 어떤 것이든 성취할 수 있다고 믿는 것이다. 이 믿음을 통해 성공한 자신을 명확하고 지속적으로 상상을 하는 것이다. 나 자신을 믿는 믿음을 위해서는 반드시 상상의 힘을 이용할 필요가 있는 것이다.

우리가 생각하는 성공의 열쇠는 실천하는 것이다. 생각하는 것을 몸으로 실천하는 것뿐이다. 성공의 답은 정해져 있다고 볼 수 있다. 하지만 우리는 그 답을 찾기만 하고 있는 것이다. 실행하고 실천만 하면 되는 것이다.

나 또한 실패를 두려워하는 마음이 컸었기 때문에 망설이고 머뭇거리다 시간만 보내게 되었다. 내 안에서는 행동하라는 답을 외치고 있지만 두렵고 떨리기는 마찬가지였다.

자신에 대한 확신과 의지와 해내겠다는 의지력이 부족했다. 항상 망설여지고 나의 부족함을 생각할 때 대담하게 해내지 못하는 것이다. 의지는 인간의 상위 능력 중 하나이다. 의지는 한곳에 집중하게 해주며 다른 모든 것을 배제하게 해준다. 그것을 이루고 말겠다는 결정을 스스로가 내리지 못하고 있었다.

확고한 결정을 내리고 반드시 이루겠다는 결심을 하는 것이다. 다시 과거로 돌아갈 수 없도록 해야 한다. 내가 원하는 사람처럼 생각하고 행동하는 것이다.

할 수 있다고 믿어야 한다. 내가 원하면 이루어지는 것이다.

내가 실패했던 이유를 알았다. 실패하는 원인의 반복된 행동을 하지 않으면 된다. 내가 원하는 것에 집중하고 그것을 위해 나아가는 것이다. 실천함으로 나의 목적을 달성하는 것이다. 내가 원하는 그것을 위해 해내고 마는 것이다. 흔히 젊은 사람들이 말하는 '존버' 말이다.

해내고야 마는 근성이 내게 없었음을 고백한다. 요 며칠 동안 나를 돌아보게 된다. 지금까지의 나를 돌아보며 부족하고 개선할 부분을 생각해보게 되었다.

강력한 의지와 꾸준함을 항상 기억하고 주어진 삶의 시간을 투쟁하는 하루로 살아보는 것이다. 확고한 의지를 갖고 매일 주어진 생활 루틴을 지켜가며 나와의 하루 약속을 지키는 것부터 시작한다. 주어진 상황에서 문제를 해결할 방법에 집중하며 상상의 힘으로 원하는 것을 이루어가는 실천하는 모습으로 성공의 문에 가까이 가는 것이다.